수학과 물리학으로의 여행

박용문 지음

연세대학교 출판부

수학과 물리학으로의 여행

지은이 박용문
펴낸곳 연세대학교 출판부
주 소 서울특별시 서대문구 연세로 50
http://www.yonsei.ac.kr
e-mail: ysup@yonsei.ac.kr
전 화 02) 2123-3380~2
팩 스 02) 2123-8673
등 록 1955년 10월 13일 제9-60호
인 쇄 범일인쇄

2011년 2월 25일 1판 1쇄
2012년 2월 27일 1판 2쇄
ISBN 978-89-7141-949-6 (93400)

값 12,000원

머리말

언제부터인가 막연하게 수학과 물리학의 기본개념에 대하여 내 나름대로 정리해보고 싶은 생각을 하였고, 그래서 시간적으로 여유가 있을 때 수학과 물리학에 관한 이야기를 적어본 것을 하나의 수필집으로 모아보았다. 지난 2세기 동안 화려하게 꽃을 피웠고 현대문명의 발전을 선도하여 온 기초과학분야가 최근에는 생명과학분야를 제외하고는 선호하는 연구분야에서 점점 멀어지고 있는 것 같아 안타까운 생각이 든다. 이러한 시기에 수학과 물리학에 대하여 이야기를 하는 것이 시대에 뒤떨어진 것 같아 조금은 쑥스러워진다. 그러나 수학적 진실을 추구하고 우리의 우주를 지배하는 근본원리가 무엇인가를 이해하려는 노력은 앞으로도 계속 이어질 것이라고 믿는다.

일반인을 대상으로 하여 과학에 관한 책을 쓸 때는 다른 사람이 쓴 책을 읽지 말라는 글을 읽은 적이 있다. 그 이유는 자신도 모르게 읽은 책의 영향을 받을 수 있다는 것이다. 다행인지 불행인지 모르겠지만 본인은 이미 여러 개의 책들을 읽었다. 특히 루웰(Ruelle)의 "우연과 혼돈(Chance and Chaos)"[34], 호킹(Hawking)의 "시간의 간략한 역사(A Brief History of Time)"[19], 그리고 펜로즈(Penrose)의 "황제의 새 마음(Emperor's New Mind)"[29]을 읽고 많은 감명을 받았다. 수필을 쓰면서 그들이 쓴 내용과 다르게 쓰려고 노력하였으나 다루고 있는 주제들의 일부가 중복되어 비슷한 설명이 있다면 양해하기 바란다.

이 수필집의 내용은 크게 다섯 부분으로 구성되어 있다. 1장에서 4장까지는 과학, 수학, 물리학 및 수리물리학에 대하여 일반적인 이야기를 하였다. 특히 수학과 물리학의 특성을 나름대로 정리하여 보았다. 5장과

6장은 확률론과 이와 관계된 게임이론을 다루었고, 7장에서 18장까지 고전역학, 상대론, 양자론 그리고 통계역학과 이에 관련된 기본 개념을 다루었다. 가능하면 수학기호나 수식 등을 사용하지 않으려고 하였고 좀 더 자세한 수학적 설명은 부록으로 보냈다. 그러나 양자역학의 일반형식(11장)과 EPR-실험과 벨의 부등식(13장) 등을 설명하는 과정에서 많은 수학기호와 수식이 사용되었다. 사용된 수학형식을 이해하기 힘든 독자는 말로 설명한 부분만 읽거나 11장에서 14장까지 건너뛰고 갈 수도 있다. 19장에서 22장까지는 수학 기초론과 이와 관련된 내용을 다루었다. 특히 서로 밀접한 관계가 있는 괴델(Gödel)의 불완전성 정리, 튜링(Turing)의 정지문제, 그리고 정보이론과 콜모고로프(Kolmogorov) 복잡성 등을 정리하여 보았다. 필자가 수리논리에 대하여 거의 문외한이지만, 20세기의 가장 위대한 개념적 결과라는 괴델의 정리(및 튜링의 정지문제)를 이해하고 싶은 지적 호기심에서 내 나름대로 노력은 하였으나 혹시라도 지나치거나 잘못된 해석이 있지 않을까 우려된다. 23장에서는 정보이론과 관련이 있고 또 내 나름대로 이해하고 싶은 생각에서 진화론과 유전정보 체계를 다루어 보았다.

필자는 수필집의 완성도를 의도적으로 높이려 하지 않았다. 완성도를 높이는 한 방법은 물리학의 양자론과 수학의 계산 및 정보이론을 접목시킨 양자계산과 양자정보이론에 관한 이야기를 끝으로 하면 되었을 것이다. 필자가 이 분야의 전문가가 아닌 이유도 있지만, 앞으로 다른 가능성을 열어놓기 위하여 이 분야에 대한 설명을 하지 않았다.

그동안 수필집을 만드는데 타이핑을 비롯하여 잘못된 설명과 용어의 선택을 지적하여 준 유현재 교수에게 감사하다. 그리고 수필집이 완성될 때까지 여러 가지 조언을 하여 준 장건수 교수, 박대현 교수, 이재형 교수, 김철구 교수 등 동료 교수에게 감사하다.

차례

3 머리말

7 1. 과학과 과학적 호기심
13 2. 수학
19 3. 물리학
25 4. 그리고 수리물리학
31 5. 확률론, 그리고 복권
37 6. 게임이론
47 7. 고전역학과 결정론
53 8. 예측가능성과 혼돈
59 9. 시공간과 상대성 이론
69 10. 양자론: 왜 양자론이 필요한가?
75 11. 양자론: 일반 형식
83 12. 불확정성 원리
89 13. EPR-실험과 벨의 부등식
97 14. 양자복제와 양자 테레포테이션
105 15. 비가역성과 시간의 방향
113 16. 엔트로피
121 17. 평형 통계역학
129 18. 상전이 현상과 대칭파괴
135 19. 산술계, 가산성 및 칸토르의 대각선 논법
143 20. 일관성, 완전성, 그리고 괴델의 정리
149 21. 계산가능성과 계산적 복잡성
157 22. 정보이론과 콜모고로프 복잡성
165 23. 진화론과 유전정보
173 24. 연구: 그 고통과 기쁨
181 맺는말
187 부록
205 참고문헌

1. 과학(Science)과 과학적 호기심(Scientific Curiosity)

과학은 그 시대의 대담무쌍한 형이상학을 제공한다.
과학은, 만약 우리가 꿈을 꾸고, 발견을 추구하고, 이해하려 하고,
다시 꿈을 꾸면서 새로운 영역으로 계속해서 빠져들면,
우리가 우주의 진정한 신비함을 터득할 수 있다는 믿음에 이끌려
만들어진 인간의 세심한 창작이다.
그리고 신비함들은 서로 연관이 있다는 것과 의미가 있다는 것이 증명될 것이다.
-에드워드 윌슨(Edward O. Wilson)-

늦은 여름밤, 모깃불이 꺼진지도 오래되었다. 한 어린이가 마당에 펴 놓은 멍석에 누워 손 베개를 하고 밤하늘을 한없이 바라본다. 오늘밤에는 하늘에 유난히도 별들이 많다. 북쪽에서 남쪽으로 은하수가 길게 놓여 있고 그 동쪽과 서쪽에 직녀와 견우성이 보인다. 하늘에는 얼마나 많은 별들이 있을까? 그리고 별들은 얼마나 멀리 있고, 별들이 무엇이기에 반짝반짝 빛을 내고 있을까? 별들이 있는 하늘은 얼마나 크고, 그리고 그 끝이 있을까? 어린이는 여러 가지를 생각하다 잠이 들고 꿈을 꾼다.

현대사회에서 과학은 자연과학뿐만 아니라 사회과학, 행동과학, 인지과학 등 여러 분야에서 넓은 의미로 사용되고 있다. 그리고 특정 분야에

적법성과 신뢰성을 주기 위하여 과학 또는 과학적이라는 용어가 사용되고 있는 것을 우리 주위에서 많이 볼 수 있다. 그러나 과학은 전통적으로 자연의 세계를 연구대상으로 하는 자연과학을 의미한다.

"과학"이란 자연의 여러 가지 현상들에 대한 인간의 이해와 예측가능성을 증가시키고, 그러기 위하여 우주의 질서를 지배하고 있는 근본원리가 무엇인가를 찾는 학문이다. 즉 과학은 물리적 실재가 어떻게 작동하고 있는가를 이해하고자 하는 인간의 노력이라고 하겠다.

사람들이 (자연)과학에 끌리게 되는 이유는 여러 가지가 있을 것이다. 미지영역에 대한 도전으로부터 오는 흥분, 자연현상에 대한 새로운 질서를 발견할 수 있다는 희망, 과학적 활동을 통한 사회에 대한 기여 등등 그럴듯한 이유들이 있을 것이다. 그러나 각 개인이 과학에 끌리는 이유는 주위에서 일어나고 부딪히는 여러 가지 자연현상에 대한 호기심에서 시작되었다고 할 수 있다. 물론 과학에 종사하는 과학자들의 공동체 전체를 볼 때는 과학적 활동을 통하여 자연의 새로운 원리를 발견하고, 과학기술을 발전시켜 인류문명에 공헌하고 있는 것이 사실이다. 그러나 많은 과학자 개개인은 자연에 대한 호기심으로 과학 분야를 선택하게 되었고 과학문제를 해결하는 데 집중하게 된다.

과학문제를 해결하는 과정을 퍼즐문제를 푸는 것에 비교할 수 있다. 퍼즐조각을 찾아서 이리저리 맞추어 보고, 시행착오를 거쳐 퍼즐조각을 제자리에 맞춘다. 일반적으로 모든 퍼즐조각들을 찾아 그림을 완성하는 것은 거의 불가능한 일이고, 일부를 찾아 제자리에 맞춘 후 전체 그림의 형태를 추리할 수 있다면 문제해결은 어느 정도 성공했다고 할 수 있을 것이다. 과학적 호기심은 우리에게 많은 질문을 하게 한다. 애기는 어디서 왔는가를 시작으로 해서, 하늘은 왜 파랗고 저녁노을은 왜 지는가? 차

가우면 얼음이 되고 뜨거우면 수증기로 변하는 물의 특성은 어디에서 오는 것일까? 무생물에서 어떻게 생명체가 생겼고 어떤 진화과정을 거쳐 인간이 자기인식의 능력을 갖게 되었을까? 질문은 질문을 낳고 결국 우리는 어디에서 왔으며 어디로 가고 있는가를 생각하게 된다.

질문들에 대한 부분적인 해답을 얻는 방법으로서는 관측, 사고(생각) 및 실험이라는 "과학적 방법"이 쓰이고 있다. 과학자들은 재현 가능한 방법으로 자연현상을 설명하려 하고, 그 재현을 유용한 예측을 하는데 사용하려고 한다. 과학적 방법은 먼저 자연현상을 관측을 통하여 또는 통제된 조건에서 자연현상을 모방하는 실험을 통하여 많은 관측(실험) 자료들을 수집하고, 자료들을 분석해서 관심대상을 구성하고 있는 기본요소들이 무엇인가를 밝히고 그들 사이의 관계를 규명하여 자연현상을 설명할 수 있다고 생각되는 하나의 모델을 세우는 것이다. 모델은 논리적인 물리 또는 수학적 표현으로서 자연현상을 설명하고자 하는 하나의 "가설(hypothesis)"이다. 그 가설은 실험이나 관측으로 검증할 수 있는 예측을 하는데 사용된다. 가설이 만족스럽지 못하면 그 가설은 수정되거나 포기된다. 만약 가설이 검증을 통과하면, 그 가설(모델)은 하나의 과학법칙 또는 과학이론으로 정착된다. 즉 한 과학이론은 자연현상을 설명하는 합리적이고 일관성 있는 수학적 모델이다.

자연계를 이루고 있는 구성체들의 복잡한 운동을 파인만(Feynman) 교수는 신들이 두고 있는 큰 장기놀이에 비유하였다[12]. 우리는 신들이 장기를 두는 것을 관찰한다. 처음에는 장기규칙을 모르지만 오랫동안 충분히 관찰하면 몇 가지 장기의 놀이규칙을 알 수 있을 것이다. 놀이규칙은 과학에서 법칙에 해당된다. 모든 놀이규칙을 다는 알 수 없지만, 비록 다 안다고 하더라도 우리의 능력에 한계가 있고 놀이가 너무 복잡하여 특정한 말이 왜 그 방향으로 움직이는가를 이해하는 것은 매우 힘들다. 우리가 두는 보통의 장기놀이에서는 모든 놀이규칙을 알기는 어렵지 않지만, 최선으로 말의 움직임을 선택하는 것은 쉽지 않고, 상대방의 선택을 예측하기는 매우 힘들다. 자연계에서는 대부분의 경우 우리의 관찰대상이 너무 복잡해서 우리가 현재 갖고 있는 법칙들로 다음 단계의 변화를 예측하기는 아직까지도 한계가 있다.

마치 벽돌 하나하나를 쌓아서 집을 짓는 것과 같이, 사람들은 자연과학을 과학자 개인들의 발견과 발명이 쌓이면서 발전하여온 누적학문 또는 축적학문이라고 생각할 수 있다. 그러나 그와 같은 생각은 과학을 보는 각도에 따라서 약간 달라질 수 있다. 보통 때의 정상적 과학 활동은 현재 사용하고 있는 연구방법(이론과 실험기구)을 다듬고 개선하여 많은 관측결과를 설명하고 미해결 문제들을 푸는 데 있다. 그러나 역사적으로 여러 번 당시의 연구방법으로는 도저히 설명이 안 되는 비정상적(anomaly) 현상들이 과학적 연구로 발굴되곤 했다. 이런 경우 과학계는 위기를 맞게 된다. 위기를 극복하기 위하여 많은 학자들이 새로운 가설들을 제안하게 되고 여러 과정을 거쳐 비정상적인 현상을 정상적으로 설명할 수 있는 완전히 새로운 이론이 과학자들에 의해 제시되곤 했다. 제시된 이론이 새로운 이론으로 정착하려면 이전의 이론으로는 도저히 설명할 수 없었던 현상들을 깨끗하게 설명할 수 있어야 하고, 더 나아가 이전의 이론으로 해결하였던 문제들도 해결할 수 있어야 한다. 토마스 쿤(Thomas Kuhn, 1962)은 이러한 과정을 "과학적 혁명"이라 하였고 정착된 새로운 연구방법을 새 "패러다임(paradigm)"이라고 불렀다[23]. 과학적 혁명의 예로서는 20세기 초반 뉴턴(Newton)의 "고전역학"을 대치한 "상대론"과 "양자론"을 들 수 있다. 새 이론은 기존의 이론을 대치할 뿐만 아니라 새로운 시각으로 자연을 보게 함으로써 우리들의 세계관과 우주관을 바꾸어 놓는다.

자연과학, 특히 물리학은 관측대상의 여러 가지 현상들을 설명하는 여러 개의 법칙들을 좀 더 기본적인 원리, 소위 말하는 "제1차 원리"로 통합하려고 노력하고, 또 관측법칙들을 기본원리에서 유도하려고 노력하면서 발전하여 왔다. 좀 더 구체적으로 설명하자면, 여러 가지 다르게 보이는 현상들이 같은 것의 여러 측면을 나타날 때가 있다. 소리와 열은 구성원소(원자, 분자)의 진동에서 오는 현상으로서 "뉴턴(Newton)의 고전역학"으로 설명 가능하며, 광학과 전기 및 자기의 여러 현상과 법칙은 "맥스웰(Maxwell) 방정식"으로 통합되었고, 원자의 구조와 물질들의 성질은 "양자론", 그리고 우주의 진화과정과 같은 큰 비례구조 현상들은 "(일반)상대성 이론"으로 설명이 된다. 물리학자들은 현재 사용되고 있는 기본원리들을 좀 더 소수의 기본원리로 통합하고, 궁극적으로는 하나의 기본원리로 귀착시키려고 시도하고 있다.

현재의 물리이론들(양자론과 상대론)을 언젠가는 하나의 기본원리로 통합하는 것은 가능할 수 있다고 생각이 든다. 그러나 물리학의 꿈은 궁극적으로 우주의 모든 현상을 설명할 수 있는 완전한 물리이론, 또는 서로 상충되지 않고 일관성(무모순성) 있는 몇 개의 이론들을 발견하여 물리학을 완성하는 데 있을 것이다. 완전한 이론, 또는 소위 "모든 것의 이론(theory of everything)"의 의미와 그 해석에 대하여 여러 가지 다양한 의견들이 있을 수 있다. 그러나 완전한 이론이 존재하느냐 하는 것과, 비록 완전한 이론이 존재한다고 하더라도 우리가 그것에 도달할 수 있는가 하는 질문을 하게 된다. 그리고 뉴턴의 고전역학이 하나의 근사(approximate) 이론인 것처럼, 아무리 발전된 물리이론일지라도 우리가 자연을 이해하는 범위를 확장시켜 줄 수는 있지만 어디까지나 근사적 이론일 수밖에 없다는 의심이 든다. 그 이유를 앞으로 여행을 하면서 좀 더 깊이 생각해 보기로 하자.

2. 수학(Mathematics)

수학은, 옳게 보면, 진리뿐만 아니라 최상의 아름다움 –
조각과 같이 차갑고 절제된 아름다움– 을 포함하고 있다.
–버트런드 러셀(Bertrand Russel)–

진화는 우리의 마음을 우아하고 아름다운 것이
유용하고 위력적인 것이라고 (생각하도록) 만들었다.
–리프만 베르스(Lipman Bers)–
수학의 특성에 관한 대담에서

자주 있는 일은 아니지만 가끔 일반모임에 참석하여 여러 사람들과 대화를 나누다가 직업과 전공에 대하여 질문을 받을 때가 있다. 직업이 대학 교수라고 하면 아직까지는 우리 사회에서 어느 정도 존경을 받지만, 수학의 특정한 분야를 연구하고 있다고 하면 상대방의 묘한 표정에서 오랜만에 희귀종의 동물을 본다는 느낌을 받는다. 만약 물리학에서 반도체를 연구한다거나, 생명과학 분야에서 노화의 원인을 연구한다고 하면 상대방은 흥미를 나타내고 여러 가지 질문을 할 것이다. 그러나 수학의 어떤 분야를 연구하고 있다면 대화를 적당히 다른 데로 돌리거나, 고등학교 때 수학을 좋아하지는 않았지만 수학자를 존경한다는 외교적인 대답이 대부분이다. 물론 흔치 않은 일이지만 자신의 직업과 관련하여 수학에 관심을 나타내는 사람도 있기는 하다.

수학자들이 일반대중과 대화하는데 마주치는 문제는 현대수학의 극단적 추상성에 있다. 어느 정도 자연과학에 관심 있는 사람이면 물질의 구조와 특성, DNA의 이중 나선구조와 역할, 우주의 진화과정과 별들의 생성과 소멸 등을 TV의 다큐멘터리를 통해 볼 기회가 있었을 것이다. 그러나 현대수학의 내용이 TV나 신문매체를 통해 소개되는 일은 거의 없다. 그 이유는 추상적인 내용을 일반적 언어로 설명하거나 눈으로 볼 수 있게 영상화하는 것이 거의 불가능한 일이고, 영상으로 표현하면 원래의 내용을 왜곡할 가능성이 매우 높기 때문이다. 물론 에셔(Escher, 1902-1972)와 같이 수학의 추상적인 내용을 그림(판화)으로 표현하고자 한 용감한 사람들도 있었다. 그리고 만델브로트(Mandelbrot) 집합과 같이 환상적인 구조를 갖는 수학적 대상을 영상을 통하여 대중에게 소개하는 것은 가능할 것이다.

수학의 본성에 대하여 수학의 현실세계와 관계 및 과학 언어로서의 중요함과 효율성을 강조한 수학자들이 있는가하면, 수학의 순수함과 미학적인 측면을 강조한 수학자들도 있다. 수학은 새롭고 아름다운 개념을 창조하는 가장 지적인 예술이라는 주장이다. 미국의 수학자 할모스(Halmos, 1968) 교수는 "수학이 인간정신의 영광스러운 창조이며 어떤 실용적 응용성이 없어도 살아갈 가치가 있다고 주장하는데 잘못이 있는가?"라고 말했다[18]. 한편 헝가리 출신의 20세기 위대한 수학자 폰 노이만(von Neumann, 1947)은 "수학이 실험과학은 아니지만 수학의 발전은 자연과학과 밀접하게 연결되어 있다." 그리고 "순수 수학이라고 생각되는 수학분야에서 가장 좋은 영감들 중에는 자연과학에서 온 것이 있다."라고 말했다[43]. 수학은 순수한 추상적 형태의 지적 예술성과 실세계의 사실을 규명하는 과학성의 두 가지 속성을 함께 갖고 있다.

교육을 받은 대부분의 사람들은 수학에 대한 경험을 갖고 있다. 대학교에 입학한 학생의 수학지식에는 수를 연산하는 능력, 대수적 등식의 변환, 간단한 실함수에 대한 미분과 적분법 등이 있을 것이다. 대부분은 200년 이전, 즉 19세기 이전에 발전된 미적분은 여러 가지 문제를 푸는데 매우 유용하며 어느 정도 대중의 접근이 가능하다. 대다수 일반인의 수학경험은 이 정도에서 끝난다. 그러나 수학은 19세기와 20세기를 거치면서 지난 200년 동안에 비약적인 발전을 했다. 수학은 좀 더 일반화되었고 엄밀하게 되었으며, 집합론과 수리논리의 등장으로 체계화되었고 추상화되었으며 다양한 영역으로 확산되어 나갔다.

그러면 수학이 무엇이고 다른 학문에 비교해서 특이한 점은 무엇인가? 현대수학은 집합론적 수학과 형식언어의 수학(수리논리학)으로 구성된다. 수학의 각 연구 분야의 출발점은 수학적 대상(집합과 연산)에 대하여 "공리"라고 부르는 몇 가지 자명하다고 생각하는 주장(가설)과 추리규칙(시행규칙)들로 이루어졌다. 이것을 "공리계"라고 부른다. 공리로부터 출발하여 유한번의 추리규칙을 사용하여 "정리"라고 부르는 새로운 결과를 유도한다. 취급하는 수학적 대상이 점이나 직선일수도 있지만 필요하다면 다른 이름으로 대체할 수도 있다. 중요한 것은 처음에 주어진 공리만 사용하라는 것이다. 수학자는 아름답고 의미 있는 결과(정리)를 얻기 위하여 추리규칙을 따라 중간단계 여러 개의 주장(보조정리)을 구축한다. 공리와 결과(정리)를 연결하는 중간단계를 "증명"이라 부른다. 증명단계에서 필요하다면 공리계 안에서 이미 증명된 정리를 사용할 수 있다. 수학적 과정은 주어진 알파벳으로 문법에 따라 문장을 구성해 나가는 과정과 비슷하다.

일반적으로 수학적 증명과정은 여러 단계를 거쳐야 하기 때문에 수학자는 전체적인 흐름을 살피고, 어떤 과정을 거쳐야 하며 각 단계에서 필요한 보조정리가 무엇인가를 알아야 하고 그 증명방법을 찾아야 한다. 얻어진 정리는 수학적으로 의미가 있어야 하고 증명은 가능한 한 짧고 명쾌해야 한다. 그러나 프린스턴 대학교 수학교수 앤드류 에일즈(Andrew Wiles, 1995)가 증명했던 "페르마(Fermat, 1601-1665)의 마지막 문제"와 같이 어떤 정리는 정리의 내용을 쉽게 기술할 수 있으나 그 증명의 길이가 대단히 긴 것도 있다. 증명의 길이는 문제가 포함하고 있는 수학적 복잡성에 관련이 있을 것이다.

공리를 어떻게 선택하느냐에 따라서 공리계가 정해지고 수학이론이 결정되기 때문에 수학분야의 각 이론이 너무 임의적이고 인위적이라고 생각할 수 있다. 그러나 대부분의 경우 그렇지는 않다. 하나의 공리계는 수학적으로 보편타당하여야 하고 가능하다면 실세계의 일부를 나타내야 한다. 실제로 대수, 기하, 해석학 등 수학의 여러 분야 이론은 상호 밀접한 관계가 있고, 한 이론에서 수학적 대상은 다른 이론에서 새로운 해석을 주며, 이로 인하여 원래 이론의 새로운 측면을 보여준다. 수학은 산만하게 흩어진 이론들을 모아놓은 것이 아니라 여러 이론들이 긴밀하게 연관된 하나의 학문이다[34].

수학의 임의성에 대하여 살펴보자. 유클리드(Euclid, B.C. 300) 기하학은 점과 직선 같은 정의되지 않은 수학적 대상에 대한 5개의 공리로 이루어 졌다. 다섯 번째 공리와 동등한 "평행선의 가설"이 있다. 평행선의 가설은 다음과 같다.

"임의로 주어진 직선과 직선 위에 있지 않은 한 점에 대하여, 주어진 점을 지나면서 첫 번째 주어진 직선과 교차하지 않는 직선은 하나 존재하고 하나 밖에 없다."

이 경우 두 번째 직선을 첫 번째 직선과 평행하다고 한다. 만약 그와 같은 직선이 존재하지 않는다고 주장하면 "타원기하학"에 도달하게 되고, 만약 그와 같은 직선이 최소 두 개 이상 존재한다고 주장하면 "쌍곡기하학"에 도달한다[3, 22, 27, 28, 30]. 따라서 기하학의 중심공리는 유클리드가 처음 제시한 4개의 공리이고, 5번째 공리를 어떤 것으로 선택하느냐에 따라 유클리드의 기하학과 "비유클리드 기하학"으로 갈라진다. 그러면 어떤 기하학이 본질적이냐 하는 문제가 제기될 수 있다. 아인슈타인(Einstein)의 상대론에 따르면 우주의 기하학적 구조는 우주가 포함하고 있는 물질과 에너지의 양과 분포에 따라서 결정된다고 한다(9장 참조). 그러나 우주의 공간기하학이 무엇인지는 아직도 확실하지 않다. 그리고 현대물리학에서는 다양한 기하학이 사용되고 있다[30].

수학의 유용함은 자연과학, 정보과학, 공학뿐만 아니라 경제학 및 금융학 등 여러 학문분야로 점점 더 확산되고 있다. 일찍이 현대과학을 태동시킨 갈릴레오 갈릴레이(Galileo Galilei, 1564-1642)는 과학의 언어로서 수학의 중요성을 강조했으며[14], 헝가리 출신의 미국 물리학자였던 위그너(Wigner, 1960) 교수는 "자연과학에서 수학의 비합리적일 정도의 효율성"에 대하여 이야기 했다[45]. 수학의 응용가능성은 공리적 체계를 만들고 기본 공리계로부터 추리규칙을 따라 결과를 유도하는 수학적 방법에 있다. 실세계에서 우리의 관심대상을 이해하는 합리적 방법은 관심대상을 구성하는 기본요소들이 무엇인가를 가려내고 기본요소들 사이의 관계를 조사한 후, 이를 수학적 언어를 사용하여 관심대상에 대응하는 수학적 모델(수학적 공리계)을 만드는 것이다. 다음은 수학적 방법을 사용하여 모델로부터 의미 있는 결과를 유도한 후 관측결과와 비교한다. 비교결과에 따라 수학적 모델을 수정해 가면서 하나의 이론을 만든다.

우리 사회에서 수학의 필요성은 점점 증가하리라고 예상된다. 수학은 우주가 어떻게 작동하고 있는가를 설명하고 우주의 일부인 이간의 경험을 체계화하는데 매우 유용하다. 수학은 독특한 방법으로 인간의 경험에서 얻어진 근본적이고 직관적인 주제들을 다루는 과학이며, 다루고 있는 주제들의 구조, 관계, 일관성과 그 의미를 추구하는 학문이다. 이를 위하여 수학은 끊임없이 새로운 개념을 도입하고 이를 단순화하며, 독창적인 연구방법을 개발하면서 발전하여 왔다. 수학의 효율성은 물리과학뿐만 아니라 앞으로 수학과 관련된 모든 분야로 확산되리라고 기대한다.

3. 물리학(Physics)

그러므로 과학의 효과적인 연구에서 첫 번째 과정은
이전에 조사한 결과들을 우리의 마음이 움켜잡을 수 있는 형태로
단순화와 축소화하는 것이다.
-제임스 크렉 맥스웰(James Clerk Maxwell)-

보통사람들도 학문들 중에서 수학과 물리학이 가장 가까운 학문들이라는 것을 어렴풋이 알고 있다. 물리학은 수학과 어떤 관계가 있고 또 다른 점이 있다면 무엇이 다른가? 오래전에 갈릴레오가 말하였듯이 "수학은 물리학의 언어"이고, 넓은 의미에서 이론 물리학자는 수학자라고 볼 수도 있다. 그러나 물리학이 수학과 밀접한 관계가 있지만, 근본적으로 수학과 다른 특징을 갖고 있다. 물리학이 무엇인가를 살펴보자.

수학은 산학(numerology), 기하학(geometry) 및 물리학(physics)에 그 뿌리를 두고 있다. 물리학적 현상을 이해하기 위한 수학적 모델을 찾는 것은 수학문제의 중요한 원천이 되었으며, 성공적인 수학적 모델의 구조는 물리현상을 이해하는데 새로운 길을 제시해 주었다. 리만(Riemann) 기하학의 방법을 사용한 아인슈타인(Einstein, 1917)의 일반 상대성이론은 새로운 우주관을 우리에게 보였으며, 폰 노이만(von Neumann, 1932)이

힐버트 공간의 언어로서 양자역학을 공리화하였고 "양자측정"이라는 개념을 도입하여 양자역학을 수학적으로 체계화한 것은 양자역학에 대한 우리들의 이해의 깊이와 폭을 넓혀 주었다[42]. 이와 같이 수학과 물리학은 상호보완하면서 발전하여 왔다.

그러나 같은 뿌리를 가진 두 학문은 20세기 초 이후 거리가 멀어졌다. 그 이유는 20세기 들어오면서 두 학문은 내부성찰과 내부발전을 하면서 자신들의 모델과 연구방법을 개발하여 왔다. 수학은 집합론과 형식언어를 사용하여 수학을 재정립시켰고 추상화하면서 새로운 수학으로 발전하였고, 물리학은 상대론과 양자론과 같은 새로운 물리이론들이 발견되면서 여러 가지 연구 방법을 개발하는데 몰두하게 되었다. 20세기 후반부터 두 학문은 필요에 따라 사이가 점점 가까워지고 있는 것은 다행스러운 일이다.

물리학의 목적은 우리 주위의 세계에 대한 이해의 폭을 넓히는 것이다. 실재(reality)의 모든 것을 한꺼번에 이해하는 것이 대단히 어렵고 거의 불가능하기 때문에, 물리학자는 실재를 구성하고 있는 여러 조각(부분)을 나누어서 관찰한다. 충분히 간단한 조각을 외부로부터 고립시켜서 물리학적 성질을 연구하는 것이 가능하다. 이렇게 고립된 조각을 하나의 "물리계"라고 부르고, 연구대상의 물리계를 수학이론으로 설명하려고 노력한다.

먼저 물리계의 여러 물리학적 현상과 물리학적 개념을 정의한다. 그리고 수학을 선택하여 수학적 정의와 물리학적 정의를 대응시킨다. 이 대응이 물리이론을 구성한다. 따라서 일반적인 물리이론은 수학용어를 사용한 공리들로 이루어졌고, 엄밀한 수학적 방법을 사용하여 결론을 유도하며, 결론은 다른 측정 가능한 사실들을 예측한다. 예측들은 관측이나 실험을 통하여 검증될 수 있고 틀릴 수도 있다. 예측이 맞지 않으면 공리계를 수정함으로써 이론자체를 수정하여야 한다. 원론적으로는 수학적 정의와 물리적 개념의 대응이 보다 정교하고, 보다 많은 물리적 현상들을 설명할 수 있는 것이 좋은 이론이 될 기준이지만, 일반적으로 물리학자들은 간단하고 응용이 편리한 이론을 복잡하고 덜 정확한 이론보다 선호한다[34].

물리계에 수학을 접목시켜 물리이론을 얻는다고 하였다. 주어진 물리계에서 나타나는 다양한 물리적 현상에 따라서 여러 가지 이론이 있을 수 있고, 또한 여러 가지 현상을 설명하는데도 서로 다른 이론이 있을 수 있다. 한 이론으로부터 근사적인 방법을 사용하여 다른 이론을 유도할 수도 있고, 서로 상충되는 물리적 개념들에 바탕을 둔 상호 모순된 이론이 있을 수 있다. 물리학자들은 보다 더 나은 이론이 개발될 때까지 불완전하고 상호 모순된 이론이라도 이를 사용한다. 수학적으로 명확하지 않은 개념도 필요하다면 도입한다. 그리고 그 개념의 정확한 의미에 대한 질문을 하면, 물리학자는 지금까지 설명한 내용으로 자명하다고 말한다. 매닌(Manin, 1961)이 말한 것과 같이[25], "좋은 물리학자는 시인이 언어를 사용하는 것처럼 수학적 형식을 사용한다." 수학자는 할 수 없는 일이지만 물리학자는 수학의 엄밀성 요구를 경시할 때가 종종 있고, 이를 궁극적인 물리학적 진실로 정당화시킨다.

수학과 물리학의 근본적인 차이는 물리학은 "실험과학"이지만 수학은 실험과학이 아니라는 것이다. 자연수계에서 무한개의 소수들(prime numbers)이 있다는 사실은 이미 유클리드(B.C. 300)에 의하여 증명되었고 그것은 앞으로도 변할 수 없는 수학적 진실이다. 하지만 한 물리학 이론이 수학적으로 아름답고 지금까지의 관측과 실험결과들을 잘 설명할 수 있다 하더라도, 그 이론은 태생적으로 유한성(finiteness)을 갖고 있다. 관측과 실험으로 이론을 검증하는 것은 유한번이며, 앞으로 한 번이라도 실험결과와 이론이 일치하지 못할 때에는 일치하지 않는 정도와 상황에 따라서 그 이론은 고전역학과 같이 하나의 근사이론으로 살아남거나 아니면 수정되거나 완전히 포기될 수밖에 없다. 물리학자가 물리이론의 수학적 엄밀성보다는 물리적 진실에 더 관심을 갖고 있는 것은 이러한 이유일 것이다.

종합하여 말하면 물리학은 우리가 살고 있는 자연을 설명하는데 근본이 있고 수학은 여러 가지 다른 수학이론들 사이의 논리적 연관성에 근본을 두고 있다. 역사적으로 물리학은 새로운 이론이 제안될 때 실험을 통한 실세계의 정확한 관측과 수학적 일관성이 균형을 이루면서 발전하여 왔다. 그러나 최근 물리의 근본연구에서 자주 나타나는 것과 같이, 실험적 안내가 결여되었을 때 연구가 옳은 방향으로 가고 있는지를 판단하는 기준으로 수학적 일관성의 비중이 커질 수밖에 없을 것이다[30]. 그러나 우리가 항상 유념하여야 할 것은 물리이론은 논리적으로 완전성이 결여되었을지라도 물리적 실재를 설명하는데 더 유용하여야 한다는 것이다.

수학자와 물리학자가 어떤 문제를 대하는 태도에 대하여 좀 알아보는 것도 흥미로운 일일 것이다. 물리계의 시간진화를 설명하는 운동방정식은 보통 미분방정식으로 주어진다. 대부분의 경우 대응하는 미분방정식은 적분가능하지 못하므로 직접 일반해를 구하는 것은 기대할 수 없다. 따라서 주어진 미분방정식에 대하여 수학자의 관심은 어떤 조건(초기조건 또는 경계조건)과 어떤 수학적 공간에서 방정식의 해가 존재하고 해는 유일한가에 관심이 있다. 그리고 해의 정칙성, 안정성 그리고 점근성 등에 대하여 조사한다. 한편 많은 물리학자들은 해의 존재성과 유일성에 대하여 관심이 없다. 왜냐하면 주어진 미분방정식이 물리계의 시간진화를 설명하는 옳은 방정식이라면 당연히 타당한 조건하에서 해는 존재하며 유일하다는 것을 의심하지 않는다. 그리고 물리적 정보를 얻기 위하여, 적당한 근사방법을 사용하거나 컴퓨터 시뮬레이션 등을 시행하며, 얻어진 정보를 관측결과와 비교하여 보기를 원한다.

4. 그리고 수리물리학
(Mathematical physics)

심프리치오(Simplicio):
자연적인 것에 대하여 우리는 언제나
수학적 증명의 필요성을 요구할 필요는 없다.

사그레도(Sagredo):
당신이 그것에 도달할 수 없을 때는 물론 그렇다.
그러나 만약 당신이 할 수 있다면, 왜 하지 않는가?
–갈릴레오 갈릴레이(Galileo Galilei)–
세계의 두 중요한 시스템에 관한 대화

수학에서 연구 과제를 계속해서 제공하여 주는 물리학의 중요성은 비교적 잘 알려져 왔다. 수학은 물리적 개념의 발전과 관계를 유지하면서 혜택을 받을 수 있고, 자연과 접촉하면서 항상 새로워질 수 있다. 이와 같은 실세계와의 접촉 없이는 수학은 한없이 증가하는 순수기호론에 빠질 위험이 있다. 한편 물리학에서 수학의 중요함은 계산을 위한 도구를 제공하는 것뿐이라는 잘못된 생각을 하는 물리학자들이 이외로 많이 있다. 물리언어의 사용법을 아는 것과 물리 개념을 이해한다는 것을 혼동하는 경향이 있다. 긴 안목으로 볼 때 물리학에서 수학은 계산 방법의 도구보다 더 깊은 역할을 한다.

물리적 개념을 합당한 수학적 언어를 사용하면 더욱 명확하게 표현할 수 있다. 보통 생각하는 것과는 달리 수학의 엄밀함을 올바로 사용하면 반드시 복잡성을 도입하지는 않는다. 이것은 물리학에서 정통적이지만 철이 지난 언어를 정확하고 꼭 필요한 추상적인 수학언어로 대치시킴으로써 많은 개념들이 명확해지고 단순화된다는 것이다. 그리고 잘 표현된 물리이론의 미적인 측면도 실험결과와 일치하는 것과 같이 중요하다. 어떤 물리학자가 말한 것과 같이 "물리학의 원리는 수학적으로 아름다워야 한다."

수리물리학은 자연현상을 설명하고자 하는 물리이론에 대하여 엄밀한 수학적 방법을 사용하여 이론의 내부구조를 조사하고 필요한 수학적 개념을 도입하여 이론의 기초를 다지는 연구 분야이다. 연구과정에서 제기되는 순수수학 문제를 해결하고 새로운 연구방법을 개발하여 물리이론의 수학적 구조를 밝히고 물리적 성질을 규명하는 것도 수리물리학 분야이다. 간단히 말해서 수리물리학은 수학(M)과 물리학(Φ)의 공통영역(M∩Φ)이다. 상징 M∩Φ는 국제 수리물리학회의 로고로 사용되고 있다.

17세기 후반 뉴턴(Newton) 이후 많은 위대한 수학자들이 물리학과 관련된 연구를 하여 왔다. 18세기 라그랑즈(Lagrange)의 고전역학 연구, 18세기 후반과 19세기 전반의 푸리에(Fourier)의 열 방정식 연구와 가우스(Gauss)의 전자기학 연구, 19세기 리우빌(Liouville)과 하밀턴(Hamilton) 등 여러 수학자들이 이루어 놓은 고전역학의 수학 화, 뽀앙까레(Poincarè)의 동역학에 대한 정성적 접근, 20세기 폰 노이만(von Neumann)의 양자역학 기초연구와 콜모고로프(Kolmogorov)로 대표되는 러시아 학파의 고전동역학계 연구들을 예로서 들 수 있다[3, 29, 30]. 그러나 앞장에서 설명하였듯이 20세기 들어와서 수학은 형식화와 추상화를 거쳐 현대수학으로 발전하였고, 물리학은 상대론과 양자론이 발견되면서 새로운 연구방법을 개발하는데 몰두하게 되었다. 따라서 물리학자들이 추상적인 현대수학의 언어를 이해하기 어려워 졌고, 또 수학자들이 현대물리학의 새로운 개념을 이해하는 것도 쉽지 않았다. 이러한 이유로 두 학문을 연결하여 주는 교량역할을 하는 현대 수리물리학 분야가 탄생하게 되었다.

현대 수리물리학의 한 연구 분야가 생겨나는 과정을 보여주는 것도 흥미로운 일일 것이다. 20세기 초 아인슈타인(Einstein)에 의하여 상대성이론이 발표되었고 하이젠베르크(Heisenberg)와 슈레딩거(Schrödinger) 등에 의하여 양자역학이 탄생하면서 물리학에서는 특수상대론과 양자론의 결합이 요구되었다. 1930년대 이후 디락(Dirac), 슈빙거(Schwinger), 토모나가(Tomonaga), 파인만(Feynman) 등 많은 물리학자들이 '양자전자역학(quantum electrodynamics: QED)'을 포함한 새로운 물리이론인 '상대론적 양자 장이론(relativistic quantum field theory:RQFT)'을 발전시키게 되었고[11, 30], '섭동전개', '파인만 적분' 등 여러 가지 계산방법들을 개발하여 사용해 왔다. 양자 장이론에는 태생적으로 여러 가지 무한대의 양들이 포함되어 있고 "재규격화(renormalization)"라는 과정을 거쳐서 무한대의 양들을 소거한 후 물리적 정보를 얻게 된다. 문제는 섭동전개와 파인만적분 등은 수학적으로 잘 정의되지 못하였고, 재규격화 같은 개념은 모호하지만, 양자전자역학(QED)에 의한 계산결과들과 실험결과들은 놀랍도록 정교하게 일치한다는 것이다. 그리고 양자 장이론의 계산방법은 현재까지도 물리학에서 널리 사용된다. 폰 노이만이 양자역학을 공리화한 것처럼, 근거가 취약하고 잘 정의되지 못한 양자 장이론을 수학적으로 정립시킬 방법을 찾는 것은 자연스러운 일이다.

상대론적 양자 장이론을 체계적인 물리이론으로 발전시키기 위해서는 언어의 통일과 물리적 개념들을 명확하게 할 필요가 있다고 생각하는 수학자와 물리학자들이 나타나게 되었다. 1960년대 괴딩(Gårding)과 와이트먼(Wightman)은 양자 장들이 작용하는 공간의 구조와 양자 장들이 만족시켜야 하는 최소한의 성질들(상대성, 국소성 등)을 공리계로 정리하여 공리계로부터 수학적 방법을 사용하여 물리적 정보를 얻으려 하였다. 이 접근방법을 '공리적 양자 장이론(axiomatic QFT)'이라 불리었고, 그 후 많은 학자들에 의하여 이 분야가 발전하게 되었으며, 많은 유용한 결과들이 유도되었다[39].

다음 과제는 물리학적으로 의미가 있으며 괴딩-와이트먼의 공리계를 만족시키는 양자 장들이 존재하느냐 하는 것이다. 물론 상호작용을 하지 않는 자유장들(free fields)이 공리계를 만족시킨다는 것은 잘 알려져 있었다. 1960년대 말 이후 그림(Glimm)과 자페(Jaffe) 등을 비롯한 많은 수리물리학자들이 물리학에서 관심이 있는 상호작용을 하는 여러 가지 양자 장 모델들을 구축하려고 노력하였다. 그 결과 2차원과 3차원 시공간에서 여러 가지 양자장 모델들이 구축되었고 상전이 현상과 같은 구체적인 물리적 현상을 증명하는 연구방법들도 개발되었다[15]. 이 분야를 구축적 양자장이론(constructive QFT)이라고 부른다. 그러나 물리학에서 의미가 있는 4차원 시공간에서 양자 전자역학이나 표준모델과 같은 양자장 모델들의 수학적 구축은 아직까지 미해결 문제로 남아 있다.

1980년대 이후 물리학에서는 게이지이론, 끈이론 및 위상 장이론 등이 발전하게 되었고, 이 이론들이 갖고 있는 미분기하 및 위상 수학적 구조와 성질에 따라서 이론들은 해당 수학분야와 긴밀한 관계를 갖게 되었다[30]. 관련된 분야의 수학과 물리학의 학자들이 필요에 따라서 함께 연구하고 있는 것을 수학과 물리학이 발전하는데 많은 도움이 될 것이다.

필자와 관련이 있어 미국 프린스턴 대학교의 위대한 수리물리학자 아더 와이트먼(Arthur Wightman) 교수에 대하여 이야기하고자 한다. 와이트먼 교수는 현대 수리물리학을 주도한 학자 중에 한 사람이었고, 자신의 연구 업적과 하버드 대학교의 자페(Jaffe) 교수를 비롯한 기라성 같은 제자들을 배출시켜 수리물리학 발전에 큰 공헌을 하였으며, 그의 친절하고 관대한 성격으로 수리물리학 분야의 학자들에게 많은 영향을 주었다.

연구생활을 하다보면 가끔 예기치 않은 곳에서 기대하지 않았던 사람에게서 도움을 받을 때가 있다. 내가 와이트먼 교수를 처음 만난 것은 1973년 미국 뉴욕 주 IBM 왓슨 연구소에 박사 후 연구원으로 있으면서 프린스턴 대학교 정기 세미나에 몇 번 참석하였을 때이다. 하루는 교수가 나를 연구실로 불러서 그동안 내 연구결과들(별로 없었지만)에 대하여 격려하여 주었고 앞으로 내 진로에 대하여 질문을 하였다. 한국에 귀국할 예정이라고 하였더니 앞으로 일 년 후 독일 비레펠드(Bielefeld) 대학교에서 "수학과 물리학의 학제 간 연구"라는 큰 프로젝트가 있는데 참가해서 1년 동안 지낼 생각이 있는가를 물었다. 그래서 교수의 추천으로 1975년에서 1976년 1년 동안 비레펠드 대학교에 방문교수로 있으면서 연구를 할 수 있었다. 방문기간 동안에 연구 활동이 활발한 많은 수학자와 물리학자들을 만나 대화를 나눌 기회를 가졌고, 정기 세미나와 토론을 통하여 여러 연구 분야의 연구동향을 어느 정도는 파악할 수 있었다. 특히 내 연구 분야의 젊은 동료학자들과 연구과제에 대하여 의견을 나누고 함께 숲속의 길을 따라 산책을 하면서 친구로 사귈 수 있었던 것은 행운이었다. 이 경험은 그 후 외국의 여러 학자들과 학술교류를 하면서 필자가 학자로 성장하는데 큰 도움이 되었다.

한 연구 분야에서 도움이 필요한 신진학자들에게 도움을 주고 필요할 때 도움을 받는 과정에서 과학 공동체가 형성되고, 공동체 구성원들의 활발한 학문적 토론과 교류를 통하여 그 연구 분야가 발전하는 것 같다.

5. 확률론(Probability Theory), 그리고 복권(Lottery)

우연 그 자체에는 실재가 없다.
그것은 어떻게 한 현상의 여러 측면이 서로 연결되어 있고
나머지 자연과 연관되어 있는지에 대한
우리의 무지를 표현하는 용어일 뿐이다.
-삐에르 시몽 라프라스(Bierre Simon Laplace)-
확률에 관한 철학적 에세이

확률, 가능성, 기회 또는 우연(chance)이라는 말들은 일상생활에서 많이 사용된다. TV의 기상예보시간에 아나운서는 내일 비가 올 가능성이 60퍼센트라고 말하고, 어떤 과학자는 앞으로 백 년 이내에 천 톤 이상의 혜성이 지구와 직접 충돌할 확률은 매우 낮다고 말한다. 그리고 내가 이번 특정 아파트 분양에 신청하면 당첨될 가능성 얼마일까를 생각하여도 본다. 가능성 또는 확률은 일종의 예상(예측)이다. 우리가 예상을 하는 이유는 완전치 못한 정보와 불확실한 지식에서 어떤 것을 결정하려고 할 때이다.

일반적으로 확률은 0에서 100퍼센트, 또는 좀 더 수학적으로는 0에서 1까지의 값을 갖는다. 확률 0이라고 하는 것은 불가능에 해당되고 확률

1은 확실한 것에 해당한다. 어떤 사건의 확률이 0도 아니고 1도 아니면 그 사건은 확실하지 않다는 것이다.

어떤 경우에 대하여 우리의 지식이 부족함에도 불구하고, 무엇인가를 말하고 싶어 우리는 예상(예측)을 하여본다. 확률론은 우리가 보다 잘 예상을 할 수 있는 방법을 제공한다. 확률론은 동전을 던졌을 때 앞면(머리)과 뒷면(꼬리)이 나올 확률이 같다는 것을 아는 데 도움을 주고, 동전을 10번 던졌을 때 모두 앞면이 나올 확률이 천분의 일 정도라는 것을 아는 데 도움이 될 수 있다. 확률을 계산하는 것은 잘 정의되지 않은 가능성, 또는 우연을 보다 구체적인 것으로 대치한다.

먼저 확률의 수학적 이론을 살펴보자. 설명을 간단하게 하기 위하여 유한확률공간을 생각하자. 유한집합

$$\Omega = \{x_{1,} x_2, \cdots x_n\}$$

을 "표본공간"이라하고, 함수 $P: \Omega \to [0,1]$가 조건

$$P(x_1) + P(x_2) + \cdots + P(x_n) = 1$$

을 만족시키면 이를 "확률"또는 "확률분포"라 부른다. 그리고 짝 (Ω, P)를 "(유한)확률공간"이라 부른다. 하나의 부분집합 $A \subset \Omega$를 하나의 "사건"이라 부르고, 사건 A가 일어날 확률은

$$P(A) := \sum_{x_i \in A} P(x_i)$$

로 정의한다. 임의의 실함수 $f: \Omega \to R$을 "확률변수(random variable)"라고 한다. 확률변수 f에 대한 "기댓값"은

$$E(f) = E_p(f) := \sum_{i=1}^{n} f(x_i) P(x_i)$$

로 정의한다. 사건 A와 B가 조건

$$P(A \cap B) = P(A)P(B)$$

를 만족시키면 A와 B를 "서로독립"이라고 한다. "사건 A가 실현된 조건에서 사건 B의 확률"은

$$P(B|A) := P(B \cap A) / P(A)$$

라 정의한다. 조건확률 $P(\cdot \mid A)$는 A를 표본공간으로 볼 때 원래의 확률공간에서 A위에 유도된 확률이다. 위에서 $P(A)$로 나눈 것은 A를 확률공간으로 만들기 위한 것이다. 일반적인 확률공간은 전체공간의 측도가 1인 측도공간을 말한다[38].

주사위를 한 번 던지는 확률공간은 $\Omega = \{1, 2, \cdots, 6\}$ $P(i) = 1/6$, $i = 1, 2, \cdots, 6$,으로 생각할 수 있다. 곱한 공간 $(\Omega \times \Omega, P \times P)$에서 사건$\{2\} \times \Omega$와 $\Omega \times \{4\}$는 서로 독립이다. 즉 두 번 연속해서 던지는 주사위 놀이에서 첫 번째 2가 나올 사건과 두 번째 4가 나올 사건은 서로 독립이라는 것이다. 일반적으로 두 사건 A와 B가 독립이라는 것은 A와 B가 서로 아무 영향을 주지 않는다는 뜻으로 해석할 수 있다.

확률론에서 사건 A의 확률 $P(A)$, 또는 확률분포 $P(x_i)$를 우리가 어떻게 현실적으로 결정할 수 있는가 하는 것이다. 한 가지 방법은 많은 수의 독립된 실험을 통하여 A가 일어나는 비율을 구하는 것이다. 예로서 만약 한 동전을 여러 번 많이 던져보면 앞면이 나타나는 경우는 반 정도 되고 이는 확률 0.5에 해당된다. "내일 비가 올 것이다"라는 사건의 확률은 물론 반복적으로 실험을 통하여 결정할 수는 없다. 한 가지 방법은 기상정보를 이용하여 컴퓨터 수치 시뮬레이션을 여러 번 반복하여 비가 올 확률을 구하는 것이다. 위에서 설명한 방법을 "빈도적 접근"이라 부르며 철학적인 이유로 반대하는 사람이 많다. 수학적으로 정의는 (무한 번의) 실험에 의존해서는 안 된다는 것이다. 합리적인 접근방법은 확률론은 실험을 통하여 검증할 수 있는 수학적 모델이라는 것이고 현대 확률론은 이 방법을 따르고 있다.

확률론이 도박에서 시작되었다고 주장하는 사람들이 있다. 아마도 맞는 주장일지 모른다. 카드놀이(포커)를 할 때 놀이 도중에 내가 갖고 있는 카드와 책상 위에 있는 열린 카드, 그리고 아직 돌리지 않은 카드 등을 고려해서 내가 원하는 짝들이 맞추어질 가능성을 예상해서 이번 놀이를 계속할 것인가 그만둘 것인가를 결정한다. 물론 상대방이 갖고 있는 카드들 때문에 정확한 확률계산은 불가능하지만 근사적으로 예측해서 행동한다.

도박과 관련해서 "복권"을 생각해 보자. 복권은 사회의 부유하지 못한 층에서 세금을 걷을 목적으로 시행되고 있다. 복권 한 장의 값이 비교적 저렴하고 당첨되면 거액을 받기 때문에 사람들은 부자가 될 희망으로 복권을 산다. 그러나 사람들은 복권에 당첨될 확률이 작다는 사실(비올 때 벼락에 맞을 확률보다 작음)을 무시하고 행운에 맡긴다. 확률론에 따르면 만약 정기적으로 복권을 사면 실질적으로 돈을 잃게 된다(큰 수의 법칙). 그 이유는 복권을 운영하는 기관의 운영비 및 세금을 위하여 들어온 돈의 일정 비율, 예를 들면 30퍼센트를 제외하고 나머지를 복권 당첨자들에게 나누어준다. 따라서 투자한 돈의 30퍼센트는 잃게 되고 정기적으로 복권에 투자하면 궁극적으로 확률론이 이긴다. 따라서 장난삼아 한두 번 복권을 사는 것은 그렇지만 복권에 중독이 되면 재산을 잃게 된다. 특히 정부나 공공기관에서 복권을 운영하는 것은 매우 부도덕한 일이고, 대중매체에서 당첨자를 큰 뉴스로 다루는 것도 삼가야 할 것이다.

그러면 사람들은 왜 건강보험이나 자동차보험에 드느냐고 질문을 할 것이다. 복권이나 보험의 원리는 비슷하지만 적용되는 상황이 다르다. 자동차 사고나 병에 걸리는 것은 종종 일상생활에서 일어날 수 있는 일이고, 그 확률은 복권에 당첨될 확률보다 대단히 높다. 그래서 보험료가 복권 값보다 비싸다. 자동차 사고나 큰 병이 나면 개인이 그 비용을 한꺼번에 감당하기 힘들어, 평균적으로 손해를 보고 있는 것을 알면서도 사람들은 보험에 든다.

6. 게임이론(Game Theory)

만약 당신이 놀음을 하여야만 한다면,
시작하기 전에 놀음의 규칙, 걸린 돈,
그리고 그만둘 시간, 세 가지를 고려하여 결정하라.
– 중국의 격언 –

당신과 내가 오늘 점심을 함께 하기로 하고 점심값을 누가 지불하느냐를 결정하기 위하여 간단한 놀이(게임)를 한다고 하자. 내가 (백 원짜리) 동전 하나를 등 뒤에서 한 손에 잡고 두 주먹을 당신에게 내밀면 당신은 동전이 어느 쪽 손에 있는지 맞추는 것이다. 당신이 동전이 있는 손을 맞추면 내가 점심값을 내고 당신이 그 손을 맞추지 못하면 당신이 점심값을 지불하는 것이다. 놀이를 한 번이나 두 번으로 끝나는 것은 좀 심심하니까 여러 번(약 20번 정도)을 반복하여 다수원칙에 따라 결정한다고 가정하자.

만약 내가 어느 한쪽 손에 동전을 많이 쥐고 있거나 또는 어떤 규칙에 따라서 동전 쥔 손을 결정하면 당신은 매우 현명하기 때문에 동전이 있는 손을 예측하고 많이 맞출 것이다.

내가 할 수 있는 최선의 방법은 무작위(random)로 동전이 있는 손을 결정하는 것이고 당신의 최선의 방법도 내 손을 무작위로 고르는 것이다. 무작위 선택을 하는 한 방법은 0이나 1로 이루어진 무작위 숫자들 (random numbers)의 목록, 예를 들면

$$10111010010111010010,$$

을 갖고 있으면 순서대로 0이면 왼손 1이면 오른손에 동전을 쥐는 것이다. 위의 무작위 숫자들의 목록은 동전을 20번 던져 앞면(머리)이 나오면 0, 뒷면(꼬리)이 나오면 1을 선택하여 순서대로 나열한 것이다. 물론 무작위 숫자들의 목록을 상대방에게 노출시키지 말아야 한다.

위의 놀이 대신에 가위–바위–보 놀이를 한다면 1, 2, 3으로 구성된 무작위 숫자들의 목록이 필요할 것이고 그 목록을 만드는 한 방법은 주사위를 던져서 1이나 4가 나오면 1을 선택하고, 2나 5가 나오면 2를 선택, 3이나 6이 나오면 3을 선택하여 순서대로 나열하면 될 것이다. 무작위 숫자들의 목록이 유용하다는 것을 알았다. 동전이 있는 손을 맞추는 놀이나 가위–바위–보 놀이는 간단한 게임이므로 그 내용을 파악하는 것은 쉬운 일이다. 우리가 좀 더 복잡한 게임을 이해하기 위하여 일반적인 게임을 체계적으로 살펴보는 것은 흥미로운 일일 것이다[1].

게임이라는 것이 무엇인가? 문제를 간단히 하기 위하여 소위 "2인 제로섬 게임(two-person zero sum game)"을 생각해 보자. 이 게임에는 A선수와 B선수라는 2명의 선수가 있다. A선수는 m개의 전략 중에서 하나를 선택할 수 있고 B선수는 n개의 전략 중에서 하나를 선택할 수 있다. 만약 A선수가 전략 i, $i=1,2,\cdots,m$,을 선택하고 B선수가 전략 j, $j=1,2,\cdots,n$, 을 선택하였다면 A선수에게 (사전에 약속된)지불액 a_{ij}가 지불되고 B선수에게는 지불액 $-a_{ij}$가 지불된다. $a_{ij} \geq 0$이면 A선수는 게임을 승리한 것이고 보상으로 상금 a_{ij}을 받고 B선수는 금액 a_{ij}을 잃게 된다. A선수와

B선수에게 지불되는 지불액의 합이 0이므로 이 게임을 제로섬 게임이라고 부른다. 숫자들이 모임 $\{a_{ij}\}$, $i=1,2,\cdots,m$, $j=1,2,\cdots,n$,을 하나의 행렬로 정리할 수 있고 이 행렬을 지불 표 또는 "게임행렬(game matrix)"이라고 부른다.

	B선수			
A선수	전략 1	전략 2		전략 n
전략 1	a_{11}	a_{12}	$\cdots\cdots$	a_{1n}
전략 2	a_{21}	a_{22}	$\cdots\cdots$	a_{2n}
$\vdots$	$\vdots$	$\vdots$	$\vdots$	$\vdots$
전략 m	a_{m1}	a_{m2}	$\cdots\cdots$	a_{mn}

[표 6.1] 게임행렬

위의 표에서 A선수는 행 선수(row player), B선수는 열 선수(column player)로 놓았다. 제로섬 게임들의 모임보다 약간 큰 상수 합 게임들(constant sum game)의 모임이 있다. 상수 합 게임이란 A선수에게 a_{ij}가 지불되면 B선수에게는 $c-a_{ij}$가 지불된다는 것이다. 여기서 상수 c는 모든 i와 j에 대하여 같은 상수이다. 앞으로 거론할 최적화 전략은 상수 c와 무관함으로 상수 합 게임은 제로섬 게임으로 다룰 수 있다. 게임행렬의 구체적인 예를 들어보자.

가위−바위−보 게임: 이 게임은 A선수가 이기면 B선수로부터 천원을 받고 지면 *B*선수에게 천원을 준다. 비기면 주고받는 것이 없다. 이 게임은 제로섬 게임이다.

	B선수		
A선수	가위	바위	보
가위	0	-1	1
바위	1	0	-1
보	-1	1	0

[표 6.2] 가위-바위-보 게임행렬

야구에서 투구게임: 투수는 몇 년 동안 훈련으로 직구(F), 커브(C), 스라이더(S)의 공을 던질 수 있다. 타자를 *A*라고 하고 투수를 *B*라고 하면 타자는 F, C, S 중에서 하나를 선택하여 타격 준비를 하고 투수는 F, C, S 중에서 하나를 선택하여 공을 던진다. 게임행렬은 아래와 같이 주어졌다.

	B선수(투수)		
A선수(타자)	F	C	S
F	0.30	0.25	0.23
C	0.27	0.33	0.28
S	0.28	0.30	0.33

[표 6.3] 투수 게임행렬

위의 각 행렬원소는 타자의 타율을 나타낸 것으로 타자와 투수의 상대적인 통계숫자이다. 이 게임은 상수 합 게임이다.

제로섬 게임으로 되돌아가자. A선수(행 선수)는 자기에게 지불될 지불액을 최대화하려고 하고, B선수(열 선수)는 자기의 지출액을 최소화하도록 각각 전략을 선택할 것이다. 행과 열의 전략들을 순수 전략들(pure strategies)이라고 부른다. A선수의 입장에서 게임행렬을 보자. A선수는 B선수가 최선을 다하리라고 가정할 것이다. 즉 B선수는 주어진 각 행 i에 대하여 $j=1,2,\cdots,n$ 위에서 a_{ij}를 최소화하려고 할 것이다. 그런 후 A선수는 B선수의 결과 중에서 최대값을 갖도록 행 i를 선택할 것이다. 따라서 가능한 최악의 사항에서도 A선수는 지불금

$$v^- := \max_{i=1,2,\cdots m}\left(\min_{j=1,2,\cdots,n} a_{ij}\right)$$

를 보장받을 것이다. v^-를 게임의 하한 값(low value of the game)이라고 부른다.

다음은 B선수의 입장에서 생각해 보자. B선수는 A선수가 최선을 하리라고 가정할 것이다. 즉 A선수는 주어진 각 열 j에 대하여 $i=1,2,\cdots,m$ 위에서 a_{ij}를 최대화하려고 i를 선택할 것이다. 그런 후 B선수는 A선수의 결과들 중에서 최소값을 갖도록 j를 선택할 것이다. 이렇게 함으로써 B선수는 자기가 지불할 지불액이

$$v^+ := \min_{j=1,2,\cdots,n}\left(\max_{i=1,2,\cdots,m} a_{ij}\right)$$

를 초과하지 않는 것을 보장 받을 수 있다. v^+를 게임의 상한 값(upper value of the game)이라고 부른다. 일반적으로 부등식

$$v^- \le v^+$$

이 성립함을 보일 수 있다. 만약에 주어진 게임에서 $v^{-} = v^{+}$이면, 게임은 값을 갖는다고 하고 $v := v^{-} = v^{+}$라고 쓴다. 그리고 $v = a_{i^*j^*}$를 주는 행과 열 i^*, j^*을 순수전략(pure strategies)에서 "최적전략(a optimal strategies)" 또는 순수전략에서 "안장점(a saddle point)"이라고 부른다.

게임에 따라서 순수전략들 중에서 안장점은 없을 수도 있고 하나 이상 있을 수도 있다. 가위-바위-보 게임에서는 $v^{-} = -1$이고 $v^{+} = 1$이므로 안장점은 없다. 그리고 야구의 투수게임에서는 $v^{-} = 0.28$이고 $v^{+} = 0.30$임을 쉽게 알 수 있고 따라서 안장점은 없다. 만약 야구의 투수게임에서 순수전략의 안장점(최적전략)이 있다면 야구는 대단히 재미가 없는 게임이 될 것이다.

일찍이 폰 노이만(1928)이 간파하였듯, 게임의 순수전략에서 제기되는 안장점의 비존재 문제는 선수들의 전략 선택에 무작위성을 도입하면 해결된다. 문제가 어떻게 해결되는지를 이해하기 위하여 "석인 전략들(mixed strategies)"을 살펴보자. 표 6.1의 게임행렬 $A = (a_{ij})$, $i = 1, 2, \cdots, m$, $j = 1, 2, \cdots n$을 상기하자. 주어진 자연수 k에 대하여 k차원 유클리드 공간의 부분집합

$$S_k := \{(x_1, x_2, \cdots, x_k) : x_i \geq 0, i = 1, 2, \cdots, k, \sum_{i=1}^{k} x_i = 1\}$$

를 k성분을 갖는 "석인 전략들의 집합"이라고 부른다. 유한집합 $\Omega = \{1, 2, \cdots, k\}$에서 $P = (p_1, p_2, \cdots, p_k) \in S_k$는 확률분포(확률벡터)가 됨을 유의하자.

A선수와 B선수는 같은 게임을 여러 번 반복한다고 가정하자. A선수가 확률분포 $P=(p_1,p_2,\cdots,p_m)\in S_m$ 그리고 B선수가 확률분포$Q=(q_1,q_2,\ \cdots,q_n)\in S_n$에 따라서 각각 전략을 선택하였다고 하면 A선수가 받을 지불액의 평균값은

$$E(P,Q):=\sum_{i=1}^{m}\sum_{j=1}^{n}a_{ij}p_iq_j$$

이고 B선수는 위의 값의 음수를 지불받는다.

A선수의 입장에서 보장받을 지불액은 B선수의 최악의 선택 Q에 대하여 A선수의 최선의 선택 P에 대한 지불액(평균값)이고, B선수의 입장에서는 A선수의 최선의 선택 P에 대하여 B선수의 최악의 선택을 택하는 것이다. 유명한 폰 노이만(1928)의 미니맥스 정리(minimax theorem)에 따르면

$$\max_{P\in S_m}\ \min_{Q\in S_n}\ E(P,Q)=\min_{Q\in S_n}\ \max_{P\in S_m}\ E(P,Q)$$

이고 또 위의 값을 주는 확률분포 $P^*\in S_m$과 $Q^*\in S_n$이 존재한다[1,44]. 쌍 (P^*,Q^*)를 석인전략에서 "최적전략"또는 "안장점"이라고 하고 $v:=E(P^*,Q^*)$를 게임값이라고 부른다.

폰 노이만의 미니맥스 정리는 게임의 석인전략에서 안장점 (P^*,Q^*)가 존재함을 말하나, 그 안장점을 어떻게 찾아야 하는지는 말하지 않는다. 게임행렬이 작은 행렬일 경우에는 미적분에서 임계점을 찾는 방법으로 안장점을 쉽게 찾을 수 있을 것이다. 예를 들면 이미 여러분이 예측한

대로 가위–바위–보 게임에서는 v=0이고 $P^* = Q^* = (\frac{1}{3}, \frac{1}{3}, \frac{1}{3})$이다. 그리고 야구의 투수게임에서는 $v \simeq 0.284$, $P^* = (\frac{28}{76}, \frac{11}{76}, \frac{37}{76})$, $Q^* = (\frac{55}{76}, \frac{20}{76}, \frac{1}{76})$이다. 일반적인 게임행렬에 대하여 게임 값과 안장점(최적전략)을 구하는 방법으로 "선형 프로그래밍(linear programming)"이 있다[1].

위에서 살펴본 폰 노이만과 몰겐스턴[44]의 2인 제로섬 게임은 존 내쉬(John Nash) 등 많은 학자들에 의하여 새로운 개념들이 도입되면서 합이 0이 아닌 2인 게임, 다자게임 등 여러 가지 조건에서 광범위한 선수들의 상호작용을 다룰 수 있도록 확장되었다. 게임이론은 사회과학(경제, 경영), 생물학, 행정학 등 많은 분야에서 활용되고 있다.

다중 수학자(polymathematician)라고 불리는 존 폰 노이만(John von Neumann, 1903-1957)의 이름을 떠올릴 때마다 생각하게 되는 것은 어떻게 한 사람이 여러 분야에서 그 많은 위대한 업적을 이룰 수 있는가 하는 것이다. 그의 주목을 끈 분야에서 그가 혁명을 일으키지 않은 분야는 거의 없었다. 폰 노이만은 수리논리, 함수해석, 수치해석, 양자론, 경제학, 전산과학 등에서 근본적인 공헌을 하였으며, 깊고 창의적인 많은 공헌으로 20세기뿐만 아니라 전 역사를 통하여 위대한 수학자들 중의 한 사람이라고 평가되고 있다. 경제학에서 그의 첫 번째 공헌(미니맥스 정리)은 그의 나이 25세에 이루어졌다.

폰 노이만은 1903년 12월 부다페스트(헝가리)의 귀족 가정에서 태어나 1957년 2월 미국 워싱턴 시에서 뇌암으로 사망하였다. 1923년 취리히 대학교에서 화학, 부다페스트 대학교에서 수학 분야의 두 박사학위를 동시에 취득한 후, 독일에서 활동하다가 1933년 미국 프린스턴에 있는 고등연구소(IAS)의 창립 종신교수(아인슈타인 포함)로 있으면서 그 연구소를 세계 제일의 명문 연구소로 발전시키는데 공헌하였다. 그는 학술활동 뿐만 아니라 만하탄 프로젝트에 참여하였고, 냉전시대 미국 정책수립에도 참여하였다고 한다. 그는 자유분방하였고, 파티를 열어 사람들을 초대하여 대화를 나누는 것을 일생동안 즐겼다고 한다.

7. 고전역학(Classical Mechanics)과 결정론(Determinism)

역학의 야심은 시간의 흐름에 따라
우주가 어떻게 진화하는가를 우리에게 이야기하는 것이다.
– 데이비드 루웰(David Ruelle) –
우연과 혼돈

역학은 관심대상인 물리계의 시간에 따른 운동, 즉 시간진화를 설명하는 이론이다. 태양계의 운동이나 우리 주위에서 눈으로 직접 관찰할 수 있는 많은 물리계의 시간진화는 고전역학으로 잘 설명할 수 있으나 원자에서 전자의 운동은 양자역학, 천체의 큰 비례구조는 상대론으로 보다 더 잘 설명할 수 있다. 그러면 하나의 역학으로 모든 것을 설명할 수 있는가하는 질문을 할 수 있다. 이 질문에 대한 대답은 둘로 할 수 있는데 첫 번째는 우리가 알고 있는 물리이론들(고전역학, 상대론, 양자역학, 소립자론 등)을 하나의 이론으로 설명할 수 있는 통일된 이론은 아직 발견되지 못했고, 두 번째는 만약 통일된 이론이 발견된다고 가정하더라도 통일된 이론보다 원자의 시간진화는 양자역학, 태양계의 운동은 고전역학이 더 다루기 쉽고 효과적일 것이라고 생각한다.

고전역학의 기본원리는 아이작 뉴턴(Isaac Newton, 1642-1727)에 의하여 1687년에 출판된 소위 "프린키피아(Principia)라고 불리는 그의 책 자연철학의 수학적 원리(Philosophiae Naturalis Principia Mathematica)"에서 처음 제시되었다. 뉴턴이 인정하였듯 그의 이론은 갈릴레오(Galileo), 케플러(Kepler) 등 선배들의 업적에서 많은 영향을 받았다. 프린키피아에서 뉴턴은 물체의 운동을 제안하였을 뿐만 아니라 중력법칙을 제시하였고, 물체의 운동을 분석하기 위하여 미적분학이라고 불리는 수학의 한 분야를 개척했다. 인류문명에 기여한 공헌으로 볼 때 뉴턴의 프린키피아는 아마도 물리과학 분야에서 출간된 가장 중요한 책이라고 하겠다. 뉴턴 이후 고전역학은 18세기와 19세기에 걸쳐 라그랑즈(Lagrange), 뽀아송(Poisson), 리우빌(Liouville), 해밀턴(Hamilton), 뽀앙까레(Poincarè) 등 수많은 수학자와 물리학자들에 의해 새로운 개념이 도입되었고 수학적으로 재구성되면서 세련된 이론으로 발전해 왔다.

고전역학으로 n개의 질점(입자)들로 구성된 질점계의 시간진화(time evolution)을 생각해보자(부록 A.1. 해밀토니안계 참조). 계의 미세상태는 모든 질점의 위치와 운동량(속도)으로 설명된다. 고전역학에 따르면 주어진 시간(초기시간)의 계의상태(위치와 운동량들)가 주어지면 임의의 시간의 계의상태가 결정된다. 다음에 다룰 과제들의 설명을 위하여 질점계의 시간진화를 좀 더 자세하게 설명할 필요가 있다.

d-차원(보통 d=3)공간에서 n개의 질점으로 이루어진 질점계의 (미세)상태는 2nd-차원의 공간 Ω에서 한 점으로 나타난다. 이 공간을 상공간(phase space)이라 부르며, 대부분의 경우 상공간 Ω는 2nd-차원 유클리드 공간 $R^{2nd} = R^{nd} \times R^{nd}$로 주어진다. 즉 상공간 Ω의 한점 $x = (p, q) = (p_i, q_i)_{i=1}^{n}$는 모든 입자의 위치와 운동량(속도)들을 나타낸다. 여기서 q_i와 p_i는 각각 i-번째 질점의 위치와 운동량(속도)이다. 질점들 사이의 상

호작용(interaction), 예를 들어 중력장이 주어지면 상호작용에 해당되는 운동방정식이 주어진다. 어떤 주어진 시간($t = t_0$)에 계의상태($x = x_0$)가 주어지면(즉 초기상태가 주어지면), 운동방정식의 해(solution)에 의하여 임의의 시간의 계의상태($x(t)$)가 결정된다.

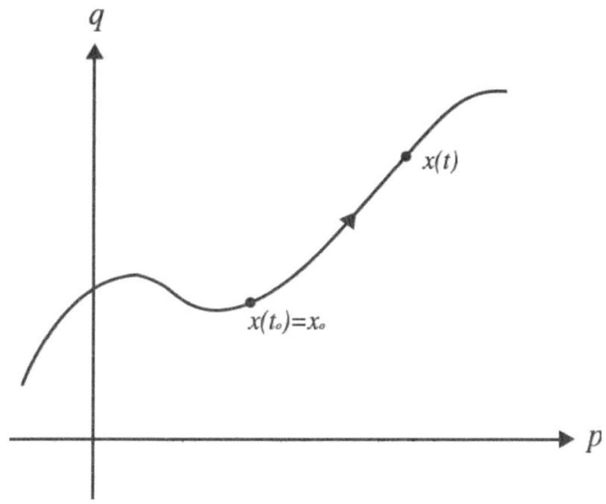

[그림 7.1] 질점계의 시간진화 궤적

종합하자면 고립된 물리계는 초기상태가 주어지면 미래뿐만 아니라 과거의 상태까지 모두 결정된다.

뉴턴 이후 고전 역학적 사고방식은 19세기 후반까지 거의 200년 동안 물리과학을 지배했다. 뉴턴은 정성적인 중세기적 물리학을 관측결과와 비교가능하고 예측가능한 일반적이고 정량적인 법칙으로 대치하였다. 결정론적인 고전역학은 모든 물리현상을 역학적인 기본법칙으로 설명할 수 있을 것처럼 보였다. 19세기 중반 헬름홀츠(Helmholz)는 "한 현상을 이해하는 것은 그것을 뉴턴의 법칙으로 환원시키는 것 외에 아무것도 아니다"라고 하였다. 200년 동안 환상적인 성공을 거듭한 수학적 모델이 미래 물리학의 이상이라는 것을 누가 의심할 수 있었겠는가? 이 프로그램의 어려운 점이 19세기 중반 이후 맥스웰(Maxwell)의 전자기이론을 역학적으로 일관성 있게 설명할 수 없다는 사실을 시작으로 하여 여러 가지 모순되는 증거들이 나오면서 나타나기 시작했다. 이러한 어려운 점이 20세기 상대성이론과 양자론이 발전하게 된 계기가 되었다.

고전역학으로 되돌아와서, 이 이론은 우리에게 물리세계에 대하여 완전하고 결정론적인 그림을 보여주었다. 19세기 초 프랑스의 수학자 라프라스(Laplace)는 만약 우리가 주어진 시간에 우주의 상태를 완전히 알면, 우주에서 일어나는 모든 것을 우리가 예측할 수 있는 과학법칙(들)이 있을 거라고 말하였다. 여기에서 우주에는 인간도 포함된다. 고전결정론은 우리에게 많은 질문을 던진다. 결정론과 우연(확률)은 양립할 수 있는가? 인간의 자유의지와 결정론은 상존가능한가? 이 문제들에 대하여 이미 많은 학자들이 논거를 제시하였다[29, 34].

먼저 결정론과 우연(확률론)의 양립성에 대하여 생각해보자. 만약 동전을 던지면 고전역학법칙은 동전이 어떻게 땅에 떨어지며 동전의 앞면(머리) 혹은 뒷면(꼬리)이 보일 것인가를 결정한다. 그러나 땅에 떨어진 동전의 상태는 동전을 던지는 순간의 초기조건에 대단히 민감하고, 초기상태를 정확히 아는 것은 거의 불가능하다. 따라서 초기조건의 불확실성이 결과의 불확실성을 가져온다. 이러한 이유로 결정론과 우연(확률론)의 비양립성은 없다고 할 수 있다. 초기조건의 민감성에 대하여는 다음 장에서 좀 더 자세한 설명을 하려고 하다.

인간의 자유의지와 결정론의 상존문제는 대단히 껄끄럽고 다루기 힘든 문제이다. 이 문제는 종교와 철학에서도 많은 논란을 일으켰다. 자유의지에 대하여 아직까지는 밝혀진 것은 거의 없고 또 자연법칙이 반드시 결정론적이냐 하는 문제도 있지만, 우주를 지배하는 자연법칙과 자유의지는 상호 모순을 이루는 것 같다. 만약 어떤 사람이 물리법칙을 사용하여 미래를 알고 자유의지를 사용해 그의 예측을 바꾸어 놓는 문제이다. 이와 같은 일은 공상과학소설에서 가끔 나오는 이야기이다(예: Isaac Asimov의 Foundation series). 이 문제에 대하여 펜로즈(Penrose)[29]와 루웰(Ruelle)[34] 교수는 다음과 같은 의견을 제시했다. 만약 예언자가 문제가 되는 계의 미래에 대한 예측을 깨뜨려 모순(패러독스)을 만든다면, 예언자도 취급하는 계의 한 부분이고 따라서 계는 대단히 복잡할 것이다. 복잡한 물리계의 미래상태를 예측하려면 계의 예측가능성과 계산가능성이 문제가 되고, 비록 그것들이 가능하다고 하더라도 어마어마한 능력을 가진 컴퓨터가 필요할 것이다. 즉 우리가 지닌 자유의지는 우리가 살고 있는 세계(우주)를 지배하는 물리법칙들의 예측가능성 및 계산가능성과 밀접한 관계가 있다는 것이다. 예측가능성과 계산가능성에 대하여는 후에 설명할 것이다.

위대한 과학자라고 해서 반드시 성격이 원만하거나 인격이 고상한 것만은 아닌 것 같다. 아이작 뉴턴(Issac Newton, 1642-1727)은 수학적 원리(Principia Mathematica)를 1687년에 출판한 후에 사회적 명성을 얻었고, 왕립학술원 원장이 되었으며, 과학자로서는 처음으로 작위도 받았다[3,20]. 그러나 그의 성격은 독선적이고 공격적이어서 자기의 요구를 거절하거나 자기의 의견에 동조하지 않는 동료 과학자들을 용납하지 못하고 분쟁을 일으켰었다고 한다.

가장 심각하였던 논쟁은 독일 수학자이며 철학자였던 곹프리드 라이프니츠(Godfried Leibniz, 1646-1716)와 휘말린 분쟁으로서 "누가 미적분학을 먼저 개발(발견) 하였느냐?" 하는 우선권 문제였다. 문제는 비록 뉴턴이 미적분학을 먼저 개발하였을지라도 라이프니츠가 뉴턴보다 일찍 1684

년에 그 결과를 발표하였다는 것이다. 역사학자들은 뉴턴과 라이프니츠가 독립적으로 미적분학을 개발하였다고 보고 있으며, 이에 대한 분쟁은 아무 의미가 없는 것이었다. 먼저 영국 학자들 중에 몇 명이 라이프니츠가 뉴턴의 생각을 표절하였다는 주장을 제기하면서 분쟁이 확대 되었다. 라이프니츠가 표절하였다는 비난을 잠재우기 위하여 우선권 문제를 영국 왕립학술원에 제소한 것이 큰 실수였다. 뉴턴은 자기의 친구들을 심사위원에 임명하였고 자기의 의견이 왕립학술원 최종판결문(뉴턴에게 우선권)에 반영되도록 하였다. 그러나 불공정한 것에 대한 피해를 그의 후배 또는 그의 후손들이 고스란히 받았다. 영국은 18세기 동안 유럽 대륙과의 학술 교류의 부족으로 수학분야에서 대륙에 비해 뒤처지게 되었다[3].

8. 예측가능성(Predictability)과 혼돈(Chaos)

우리 주의에서 이탈한 아주 작은 원인이 우리가 무시할 수 없는 큰 결과를 결정한다. 그러면 우리는 이 결과가 우연에 의한 것이라고 말한다.
– 앙리 뽀앙까레(Henri Poincarè) –
과학과 방법

현실적으로는 초기시간에 계의 상태를 완전히 정확하게는 알 수 없다. 우리는 이 초기조건에 약간의 무작위성을 허용하여야 한다. …이 작은 초기 무작위성이 후에는 많은 무작위성을 초래할 수 있다.
– 데이빗 루웰(David Ruelle)–
우연과 혼돈

결정론하면 연상되는 것이 "예측가능성"이기 때문에 두 개념의 차이점을 명확하게 구별하지 못하는 경우가 종종 있어 많은 혼란을 불러일으킨다. 결정론은 자연법칙이 무엇인가에 관계가 있다. 결정론이란 어떤 시간(초기시간)에 계의 상태가 주어지면 임의 시간의 계의 상태를 결정할 수 있는 공식(미분방정식 또는 변환)을 갖고 있다는 것이다. 한편 예측가능성이란 인간이 관측하고 분석하여 계산을 할 수 있다는 것과 연관이 있다. 예측가능성을 가지려면 충분히 정확하게 계의 현재 상태를 측정하고 주어진 공식을 사용하여 미래 계의 상태를 계산할 수 있어야 한다.

물론 결정론과 다른 선택이 있을 수 있다. 운동법칙이 확률적(stochastic)이거나, 계의 초기상태가 계의 미래 상태에 대하여 확률분포만을 결정할 경우가 있을 수 있다.

수학분야에서는 결정론적으로 시간진화를 하는 계를 "동역학계(dynamical systems)"라고 부른다. 동역학계의 예측가능성을 이야기할 때는 "계의 어떤 초기상태에 대하여 예측가능한가를 말하여야 한다." 모든 초기상태에 대하여 예측 가능한 계, 초기상태에 따라 예측가능성과 예측 불가능성을 함께 갖고 있는 계, 그리고 거의 모든 초기상태에 대하여 예측 불가능한 계가 있다. 주기운동을 하는 시계추의 운동이나 자유낙하운동은 예측 가능하다. 다음은 표면마찰이 없는 두 개의 공을 생각하자. 한 공을 움직이지 못하게 고정시키고 고정된 공의 정상에 다른 공을 올려놓는 것은 이론적으로는 가능할지 모르지만 현실적으로는 아마도 불가능할 것이다. 불안전한 상태(unstable state)에 있는 공은 약간의 이탈에 대해서도 옆으로 굴러 떨어진다. 굴러 떨어지는 방향도 예측하기 어렵다. 따라서 정상에 있는 공의 상태는 예측 불가능하다. 공의 불안전한 상태는 "초기조건에 민감한 의존(sensitive dependence on initial condition)"의 한 보기이다. 초기조건에 민감한 의존이라는 것은 초기 상태에 대한 작은 변화가 시간에 따라 지수적으로 증가하는 큰 변화를 가져온다는 것이다. 다른 말로 표현하면 주어진 초기조건에 대한 아무리 작은 오차라도 충분한 시간이 흐르면 처음의 오차를 느낄 수 있다는 것이다. 민감한 의존도를 주는 초기조건은 불안전한 상태와 같은 특별한 상태라고 생각할 수 있다. 그러나 수학자들과 물리학자들의 오랜 기간의 연구결과 "임의의 초기조건에 민감한 의존도를 갖고 있는 많은 물리계(동역학계)가 있다"는 것이 알려졌다. 그 중에서 시나이(Sinai, 1970)의 당구공운동을 간단하게 설명하자([34]참조).

공과 같이 볼록한 장애물들이 고정되어 있는 당구대에서 한 당구공의 운동을 생각하자. 마찰과 공의 회전을 무시하고 공의 장애물들과 또 당구대 벽과의 충돌은 완전탄성이라고 가정한다. 공의 중심의 운동은 충돌이 없을 때에는 균일한 속력을 갖고 직선으로 움직이다. 충돌이 있을 때에는 공의 중심이 더 큰 장애물(공의 반경만큼), 또는 안으로 들어온(공의 반경만큼) 당구대 벽에 반사된다고 생각하자. 실제 공과 상상의 공이 같은 시간에 같은 위치와 속력으로 약간 다른 각도로 출발하였다고 하고 각도의 차를 θ라고 하자. 장애물과 충돌하기 전까지는 실제 공과 상상의 공의 궤적들은 θ라는 각도를 갖고 시간에 비례하게 멀어진다. 당구대 벽과의 충돌은 궤적 사이의 각 θ를 유지시킨다. 하지만 볼록한 장애물과의 충돌은 당구대 벽과의 충돌과는 달리 두 궤적 사이의 각이 θ보다 커지므로, 한 공이 장애물과 충돌할 때마다 두 궤적 사이의 각은 벌어진다(발산한다). 충돌 횟수는 시간에 비례하므로 두 궤적 사이의 각은 시간에 따라 증가하고, 두 공 사이의 거리는 지수적으로 멀어질 것을 예상할 수 있다. 당구공에 대한 수학적으로 엄밀한 분석은 시나이(Ya Sinai, 1970)에 의하여 처음 이루어졌고 그 후 다른 사람들에 의해 이어졌다.

20세기 후반 혼돈과 난류현상에 대한 관심이 갑자기 높아졌고 여러 분야에서 많은 학자들이 이 분야의 연구에 몰려들었다. 혼돈과 난류현상을 보여주는 여러 가지 현상이 대중매체에 의해 소개되었고, 이 분야 연구에 대한 연구비 지원이 증가되면서 세계적으로 여러 연구소가 생겨났으며 전문학술지도 발간되었다. 한 20년이 지나면서 어느 정도 조용해진 것 같다. 이 분야를 연구했던 그 많은 사람들이 지금도 같은 분야를 연구하고 있는지 궁금해진다. 혼돈계와 난류현상을 집중적으로 심도 있게 연구하는 것은 학문적으로나 응용적인 측면에서 대단히 중요하다는 것은 인정한다. 그러나 기초학문이 유행을 탄다는 사실이 학문발전에 어떤 도움이 되는가를 다시 한번 생각하게 한다.

관심이 있는 것은 혼돈과 난류현상에 대한 이해가 물리학에 새로운 "개념적 혁명"을 가져왔다고 믿는 학자들이 생겨났다는 것이다. 프리고진(Prigogine, 1994)과 같은 학자는 "혼돈의 개념은 자연법칙의 개념에 대하여 다시 생각하게 한다"라고 말하였고([4] 참조), 혼돈계에서는 미시적 상태를 점이나 궤적으로 측정하거나 계산할 수 없으므로 미시적 설명에서 궤적의 개념을 제거하고 확률적인 방법으로 대치하여야 한다라고 주장했다. 과연 맞는 말일까?

"혼돈동역학계"란 무엇인가? 가장 간단하게 정의하는 방법은 초기조건에 민감한 의존성으로 정의하는 것이다. 즉 "혼돈역학계는 임의의 초기조건에 대하여 민감한 의존성을 갖는 동역학계"라는 것이다. 혼돈역학계는 실질적으로는 예측불가능하다. 그러나 이것은 동역학계가 결정론적 법칙을 따른다는 사실과는 무관하다[4].

결정론적 자연법칙에 대하여 초기조건에 민감한 의존도의 개념은 이미 19세기 후반부터 여러 수학자와 물리학자들에 의하여 알려져 왔다. 특히 프랑스의 위대한 수학자 앙리 뽀앙까레(Henri Poincarè)는 1908년에 출판된 철학적 저서인"과학과 방법(Science et Mèthode)"에서 비예측성 문제에 대하여 설명을 하였다. 그의 요점은 우연과 결정론이 장기적인 비예측성에 의하여 화합이 될 수 있다는 것으로서, 장기적으로 물리계의 상태를 예측할 수 없는 이유는 물리계의 초기조건에 민감한 의존에 있다고 보았다. 초기조건에 민감한 의존의 한 예로 기상학을 택하였고, 일기예보가 부정확한 이유를 초기조건에 민감한 의존과 초기조건에 대한 부정확한 지식에 있다고 논거 하였다. 뽀앙까레와 같은 선인들의 생각이 꽃을 피우지 못한 이유는 너무 일찍 새로운 생각을 하였고, 수학에서 동역학계와 엘고딕이론이 아직 발전되지 못한 것과 혼돈계 연구에 매우 유용한 컴퓨터가 아직 개발되지 못한 것이라 하겠다. 혼돈과 난류현상에 대한 좀 더 자세한 소개는 이론을 제안하고 발전시킨 학자 중의 한 사람인 루웰(Ruelle)이 쓴 책[34]에 기술되어 있다. 끝으로,"나비효과"에 대해 들어본 적이 있을 것이다. 나비효과란"베이징에서 나비가 날개를 흔들면 뉴욕에는 천둥이 친다"라는 것에서 왔으며 유체역학계의 초기조건에 민감한 의존성을 비유한 말이다.

9. 시공간(Space-Time)과 상대성 이론(Theory of Relativity)

앞으로는 공간 그 자체와 시간 그 자체는 미미한 그림자로 사라질 운명이고,
다만 둘의 결합 형태만이 독립적 실재를 유지할 것이다.
– 헤르만 민코프스키(Herrmann Minkowski)

시간, 공간 그리고 시공간을 어떻게 이해하느냐에 따라서 자연과 우주에 대한 우리들의 인식이 변하여 왔다. 아리스토텔레스(Aristotle, B.C. 340)에서 아인슈타인(1917)까지 시간과 공간에 대한 인식이 어떻게 변하여 왔으며, 이와 관련하여 상대성 이론(상대론)이 등장한 배경과 상대론의 내용에 관한 이야기는 이미 세계적인 학자인 호킹과 펜로즈가 그들의 저서[19, 29, 30]에서 자세하고 친절하게(그림들을 제시하면서) 설명하였다. 그래서 그들의 저서에 있는 내용을 중심으로 하여 시공간과 상대론에 대하여 내 나름대로 정리해 보려고 한다.

아리스토텔레스는 시간과 공간은 완전하게 독립적으로 존재하며 공간은 3차원 유클리드 공간이라고 생각했다. 그는 한 물체의 자연스러운 상태는 물체가 움직이지 않고 정지하고 있는 정지 상태이며, 물체는 힘이나 충격에 의해서만 움직인다고 보았다. 힘은 물체의 무게에 비례하며,

따라서 자유낙하에서 무거운 물체가 가벼운 물체보다 빨리 떨어진다고 믿었다. 그는 자연의 기본원리를 관찰이나 실험을 통해서가 아니라 순수한 사고에 의하여 밝힐 수 있다고 주장했다. 아리스토텔레스는 절대 정지 공간이 존재해서, 그 중심에 지구가 있고 태양과 달 그리고 행성들이 지구를 중심으로 회전한다고 생각했다. 아리스토텔레스의 관점은 거의 이천 년 동안 인간의 우주관으로 자리를 잡아 왔었다.

전해오는 이야기로는 갈릴레오 갈릴레이(Galileo Galilei, 1564-1642)가 자유낙하(free fall) 실험을 하기 위하여 피사의 기울어진 탑 위에서 무게가 다른 두 물체를 동시에 지상으로 떨어뜨려 보고 (공기의 저항을 무시하면) 두 물체가 무게에 무관하게 같은 가속도로 같은 시간에 지상에 떨어진다는 것을 발견하였다고 한다[14]. 실제로 등가속도 운동을 정확하게 관찰하기 위해서 갈릴레오는 경사가 완만한 경사면에서 무게가 다른 공들을 굴리었거나 또는 이와 비슷한 실험을 하였으리라고 생각된다. 갈릴레오가 그의 측정으로 발견한 중요한 사실은 중력(힘)이 각 물체의 속도를 물체의 무게(질량)에 무관하게 일정한 비율로 증가시킨다는 것이다. 이것은 힘이 물체에 미치는 영향은 물체의 속도를 변화시킨다는 것을 의미하고, 물체에 힘을 가하지 않으면 물체는 일정한 속도로 직선운동, 즉 등속운동을 한다는 것이다. 갈릴레오의 발견은 후에 뉴턴의 운동법칙들의 기초가 되었다. 뉴턴은 그의 프린키피아(1687)에서 물체가 힘을 받지 않았을 때 물체의 등속운동을 제1법칙이라고 하였고, 힘을 물체에 가하였을 때 물체의 속도 변화율(가속도)을 주는 운동 방정식을 제2법칙이라고 하였다. 뉴턴의 운동 방정식은 $ma=f$이고, m은 물체의 질량, a는 가속도 그리고 f는 물체에 미치는 힘이다. 뉴턴의 중력법칙에서 중력 f는 질량 m에 비례하므로 뉴턴의 운동 방정식은 자유낙하의 등가속도 운동을 설명해준다.

동역학적인 관점에서 볼 때 갈릴레오와 뉴턴은 등속운동 상태에서 물리법칙은 속도에 무관하게 같아야 한다고 믿었고, 이것을 "갈릴레이 상대성(Galilean relativity)"이라고 한다. 3차원 유클리드 공간의 점의 위치를 나타내기 위한 (x,y,z)-좌표계가 있고 (x,y,z)-좌표계에 대하여 x-축의 양 방향으로 속도 v로 등속운동을 하는 좌표계를 (x',y',z')-좌표계라고 하자. 시간 t=0에서 두 좌표계가 겹쳐 있었다고 하면 임의의 시간 t에서 두 좌표계 사이에는 관계

$$x' = x - vt, \quad y' = y, \quad z' = z \tag{9.1}$$

가 성립한다. 위의 변환을 등속운동의 "갈릴레이 변환"이라고 부른다. 갈릴레이 상대성이란 모든 물리법칙들은 갈릴레이 변환 (9.1)에 대하여 변하지 않아야 한다는 것이다. 일정한 속도로 직선으로 달리고 있는 기차의 (탁구대가 설치된) 객실에서 탁구를 치면 탁구를 치는 사람들은 체육관에서 탁구를 치는 것과 차이를 느끼지 못한다.

정지하고 있는 절대공간이 있다고 믿었던 아리스토텔레스와는 다르게 갈릴레오와 뉴턴은 상대적인 공간들만 있다고 보았다. 상대적으로 등속운동을 하는 물체 A와 B가 있을 때 A는 정지해 있고 B가 움직이거나, 또는 A가 움직이고 B가 정지해 있다고 생각할 수 있다. 정지상태의 절대적인 기준이 없다는 것은 다른 시간에 일어난 두 사건(events) 사이의 거리가 관측자에 따라서 차이가 있다는 것을 의미한다. 달리는 기차 안에서 탁구공을 탁구대에 수직으로 떨어트렸을 때 공이 첫 번째로 탁구대에 충돌한 위치와 공이 튀어 올랐다가 두 번째로 탁구대에 충돌한 위치 사이의 거리는 기차의 속도 때문에 기차 안에서 관측한 것과 기차 밖에서 관측한 것은 다르다.

아리스토텔레스와 마찬가지로 갈릴레오와 뉴턴은 절대시간을 믿었다. 시간은 공간과는 독립으로 분리되어 있으며, 따라서 다른 시간에 일어난 두 사건의 시간 차이는 관측자와는 무관하다고 믿었다. 그러나 절대시간의 고전적인 관점은 19세기 중반 이후 서서히 도전을 받게 되었다. 운동을 하는 물체의 속도가 빛의 속도 c ($c = 3 \times 10^8 m/\text{sec}$)에 가까울 때 문제가 생긴다. 빛에 관한 제대로 된 이론은 1865년 스코트랜드의 물리학자 맥스웰(James Clerk Maxwell)이 이전의 전기이론과 자기이론을 통일한 전자기이론을 제안하면 생기게 되었다.

맥스웰 방정식에 따르면 빛은 전자장으로서 전자장은 일정한 소도 c로 파동처럼 전파한다. 마치 연못에 돌을 떨어트렸을 때 물이 원을 형성하며 파동으로 퍼져나가는 것과 같다는 것이다. 상식적으로 생각하면 빛의 속도는 발광 원천과 관측자의 상대속도에 따라서 달라져야 한다. 빛이 진행하는 방향으로 속도 v로 달리고 있는 기차에서 측정한 빛의 속도는 기차 선로에서 측정한 빛의 속도보다는 v만큼 느려야 한다. 식 (9.1)의 첫 번째 등식의 양변을 t로 미분하면 확인이 된다. 1887년 미국 물리학자 마이켈슨(Michelson)과 모올리(Morley)는 태양에 가깝게 가는 지구의 운동 방향과 이에 수직인 방향에서 태양 빛의 속도를 측정하였고, 두 방향의 빛의 속도가 일치하는 것을 확인하였다. 결론은 빛의 속도가 관측자의 (상대)속도에 관계없이 일정하다는 것이다. 이것은 막스웰 방정식이 갈릴레이 대칭성을 만족시키지 못한다는 것을 의미한다. 따라서 뉴턴 방정식이나 막스웰 방정식 중에서 하나는 수정을 하여야 한다.

물리학자들은 점차 막스웰 방정식이 옳다는 것을 인식하게 되었고 그 이유를 다른 곳에서 찾게 되었다. 1895년 네델란드의 물리학자 헨드릭 로렌츠(Hendrik Lorentz)는 변환

$$x' = \frac{x - vt}{\sqrt{1 - v^2 / c^2}}, \quad y' = y, \quad z' = z, \tag{9.2}$$

$$t' = \frac{t - vx/c^2}{\sqrt{1 - v^2/c^2}}$$

에 대하여 막스웰 방정식의 형태는 변하지 않는다는 것을 확인하였다. 변환 (9.2)를 "로렌츠 변환"이라고 한다. 1905년 알베르트 아인슈타인(Albert Einstein)은 지금까지 생각하였던 절대시간을 포기하고 등속운동에서 갈릴레이 변환을 로렌츠 변환으로 대치하면 된다고 제안하였다. 몇 주 후 불란서의 위대한 수학자 뽀앙까레도 비슷한 이론을 발표하였지만 뽀앙까레의 수학적 접근보다 아인슈타인의 논리가 물리학에 더 가까워 "특수 상대성이론"이라는 새로운 이론은 아인슈타인의 업적으로 평가되었다.

특수 상대성이론의 기본공준(제안)은 "모든 물리법칙들은 로렌츠 변환 (9.2)에 대하여 불변이다"라는 것이다. 먼저 로렌츠 변환이 암시하는 의미를 살펴보기 위하여 애리스(A)는 지상에 있고 봅(B)은 우주선을 타고 우주여행을 한다고 가정하고, 지구와 우주선의 상대속도를 v라고 하자. 상대성 원리에 따라서 지구와 우주선 안에서의 물리법칙(막스웰 방정식)이 같으므로 지구와 우주선에서 빛의 속도는 같다. 애리스가 볼 때 봅의 시계는 느리게 가는 것 같고(시간 팽창), 봅의 자는 줄어든 것 같이(공간 수축) 보인다. 봅이 볼 때 자신의 시계와 자는 지상에 있을 때와 변함이 없다. 특수 상대성 이론에서 잘 알려진 결과들은 아인슈타인 방정식 $E = mc^2$ (E는 에너지, m은 질량 그리고 c는 빛의 속도)인 "질량과 에너지의 동질성"그리고 "어떤 것도 빛의 속도보다 빠를 수 없다"는 것이다. 핵융합에 의하여 질량이 감소하면 감소한 질량은 에너지(열)로 변한다(태양열의 원리). 그리고 물체의 속도가 빛의 속도에 접근하면 물체의 질량은 무한대로 접근한다. 다만 광자(빛)는 고유질량이 없으므로 빛의 속도를 갖는다.

다음은 특수 상대론에서 4-차원 시공간의 구조를 살펴보자. 상대론은 우리의 시간과 공간의 개념을 바꾸어 놓았다. 서로 독립된 시간과 공간은 의미가 없고, 시간과 공간을 합친 시공간만이 의미를 갖는다. 3-차원 유클리드 공간의 직교 좌표계에서 원점 O에서 점 $P:(x,y,z)$까지의 거리 r은

$$r^2 = x^2 + y^2 + z^2$$

이다. 그러나 4-차원 시공간에서 원점 O에서 점 $P:(ct,x,y,z)$까지의 거리 s는

$$s^2 = ((ct)^2 - x^2 - y^2 - z^2)$$

으로 정의된다. 거리 s를 "민코프스키(Minkowski) 거리"라고 하고 민코프스키의 거리 개념을 갖는 기하공간을 "민코프스키 공간"이라고 부른다. 4-차원 시공간에서 로렌츠 변환 (9.2)는 (원점을 중심으로 한) $x-ct$ 평면의 회전이고 이 변환에 의하여 민코프스키 거리 s는 변하지 않는다. 보통 사건(event)이라는 것은 특정한 시간(ct)에 특정한 장소((x,y,z))에 일어나는 그 무엇을 말한다. 그래서 민코프스키 공간의 점을 사건이라 부른다. 4-차원 시공간을 그림으로 나타낼 수 없으므로 그림 9.1은 3-차원 민코프스키 공간을 나타낸 것이다. 민코프스키 거리 s가 0인, 즉 s=0인, 곡면을 빛 원뿔(light cone)이라고 한다. 한 입자는 시간에 따라 계속

존재하므로 입자는 한 점이 아닌 세계선(world line)이라 부르는 선으로 표현된다. 이 세계선(등속운동은 직선 그리고 가속운동은 곡선)은 입자의 전 역사를 나타낸다. 가운데 있는 원뿔은 (미래)빛 원뿔로서

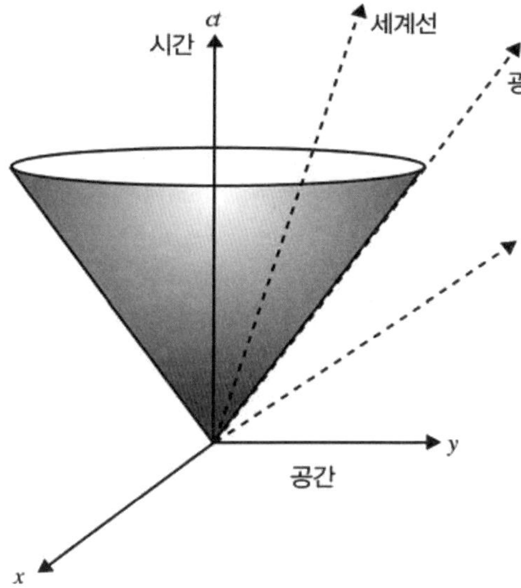

[그림 9.1] 민코프스키 공간과 빛 원뿔

사건 O(원점)에서 빛이 폭발하였을 때 빛이 전파하는 곡면(원뿔)이다. 빛 원뿔 안에 있는 사건 P는 사건 O에서 미래에 도달 할 수 있는 사건이지만 원뿔 밖에 있는 미래사건($t \geq 0$)은 사건 O에서 미래에 도달할 수 없는 사건이다. 민코프스키 거리 s는 물리학적 의미를 갖는다. 선분 OP의 민코프스키 거리 s를 빛의 속도 c로 나눈 것, 즉 s/c는 입자가 사건 O와 사건 P사이에서 경험한 시간의 길이이다. 광자는 s=0이므로 시간의 흐름을 경험하지 못한다. 민코프스키 공간의 각 사건(점)에 빛 원뿔을 건축해서 그 사건으로부터 미래의 역사를 설명할 수 있다.

특수 상대론에 따르면 어떤 것도 빛의 속도보다는 빠를 수 없다. 그러나 이것은 뉴턴의 중력법칙과 모순을 일으킨다. 뉴턴의 중력법칙은 두 물체는 거리자승에 반비례하는 힘으로 서로 끌어당긴다(인력)고 한다. 만약 한 물체가 움직이면 다른 물체에 미치는 힘은 순간적으로 변한다. 즉 중력효과는 무한대의 속도로 전달된다는 것이다. 아인슈타인은 1905년 이후 이 모순을 해결하려고 몇 번을 시도한 후에 1917년 "일반 상대성 이론"이라고 하는 혁명적인 이론을 발표하였다[9].

아인슈타인은 중력은 다른 힘과는 달리 4-차원 시공간이 평평하지 않은 결과라고 제안하였다. 중력이 없으면 시공간은 평평한 민코프스키 공간이지만, 공간에 포함되어 있는 질량과 에너지의 분포에 따라서 4-차원 시공간은 휘어지고 뒤틀려진다는 것이다. 지구(의)의 표면이 국소적으로 보면 평면 같지만 대역적으로 보면 휘어진 것과 같이 4-차원 시공간도 국소적으로는 민코프스키 공간으로 보이지만 큰 비례구조는 휘어졌다. 거리 개념이 있는 기하학 공간에서 두 점을 연결하는 가장 짧은(또는 가장 긴) 선을 측지선(geodesic)이라고 한다. 지구표면에 있는 두 점 사이의 측지선은 두 점과 지구 중심을 포함한 평면과 지구표면이 교차하는 대원이다. 휘어진 4-차원 시공간도 민코프스키적인 거리 개념이 있다. 일반 상대론은 시공간에서 물체는 측지선을 따라 움직인다고 말한다. 태양의 질량은 태양 주위의 4-차원 시공간을 휘어지게 하고 지구의 세계선은 이 휘어진 시공간에서 측지선이지만 3-차원 공간에서 볼 때는 태양을 중심으로 (타)원 운동을 한다.

일반 상대성이론 이전에는 시공간은 사건이 일어나는 무대로서 시공간에서 무슨 일이 일어나는 지에는 영향을 받지 않는다고 생각했었다. 그러나 일반 상대성 이론에서는 시공간이 하나의 동역학적 대상이 된다. 한 물체가 움직이면 시공간 곡률에 영향을 주고 시공간의 곡률은 물체의 운동에 영향을 준다. 우주의 시공간의 구조는 우주에서 일어나는 모든 것에 영향을 주고 또 영향을 받는다. 따라서 우주의 시공간 밖의 시공간은 무의미한 것이고, 우주탄생 이전의 시간이라는 것은 아무 의미가 없다.

특수 상대성이론은 매우 중요한 이론이지만 이미 나타날 때가 성숙되어서 아인슈타인이 아니더라도 뽀앙까레를 포함하여 다른 사람들도 그 이론을 제안할 수 있었다. 그러나 일반 상대성이론은 아인슈타인만의 독창적이고 혁명적인 생각이었고 그만이 제안할 수 있었던 일이었다. 아인슈타인이 아니었으면 그 이론이 나오기까지 우리가 얼마나 기다려야 했을지 모르는 일이었다. 제1차 세계대전 이후 담배 파이프를 물고 있고, 상냥하고 겸손한 태도와 충전된 머리칼을 가진 아인슈타인은 세계적으로 잘 알려진 명사가 되었지만, 그의 후반 인생이 학문적으로 행복한 것만은 아니었다는 생각이 든다. 1920년대에 개발된 양자역학에 대하여 아인슈타인 자신도 그 발전에 공헌도 하였지만, 그는 양자론의 확률적 속성을 받아드릴 수가 없었다(10장과 13장 참조). 그리고 그는 마지막 20년을 일반 상대성이론과 전자기장을 통합하려는 소위 "통일장이론"을 연구하는데 시간을 소비하였다. 시간이 지날수록 그는 물리학의 본류에서 멀어져 갔다. 당시 그의 동료들이 아인슈타인은 그의 후반 인생을 허비하였다고 생각하였을지 모르지만, 나는 그가 양자론에 대하여 끊임없이 문제를 제기함으로서 양자론이 건강하게 발전하는데 크게 기여하였다고 생각한다.

10. 양자론(Quantum Theory): 왜 양자론이 필요한가?

사실 나는 현재 양자론의 필수적인 통계적 특성은
양자론이 물리계에 대한 완전하지 않은 설명을 갖고 작동하고 있다는 사실에
원인이 있다고 확신하게 되었다.
– 알베르트 아인슈타인(Albert Einstein) –

양자역학에 대한 새로운 인식론적 상황은 물리학의 입장에서나 일반적인
인간지식 조건의 넓은 입장에서도 만족스럽다.
– 월프강 파울리(Wolfgang Pauli) –

진실에는 두 종류가 있다. 한 가지 종류는 그 주장이 간단하고 명확해서
반대 주장을 방어할 수 없는 진실이다.
다른 종류는 소위 "깊은 진실"이라고 하는 주장으로서 그 반대의 주장도 깊은
진실을 포함하고 있다.
– 닐스 보어(Niels Bohr) –

양자론이 탄생되고 발전하게 된 계기는 19세기 말에서 20세기 초에 걸쳐 열 방사 문제, 빛과 전자의 파동성과 입자성의 이중성 문제, 원자의 이산 스펙트럼(discrete spectrum) 등 고전역학이나 고전 전자기학으로는 설명할 수 없는 비정상적인 여러 가지 현상들이 관측되면서 새로운 물리 이론이 필요한 데서 비롯되었다. 양자론은 프랑크(Plank), 아인슈타인(Einstein), 보어(Bohr), 드브로이(de Broglie), 보른(Born) 등에 의하여 여러 가지 가설

들이 제안되면서 서서히 발전하게 되었으며, 하이젠베르크(Heisenberg, 1925)의 "행렬 역학"과 슈뢰딩거(Schrödinger, 1926)의 "파동 역학"이 개발되면서 하나의 이론으로 정착하게 되었다. 수학적으로 동등한 두 역학은 "양자역학"으로 불렸다. 그 후 양자역학은 보른, 요르단(Jordan), 디랙(Dirac)과 파울리(Pauli) 등 여러 물리학자들에 의하여 급속하게 발전되었고, 폰 노이만(von Neumann, 1932)[42] 등에 의하여 수학적인 형식을 갖추게 되었다.

양자역학이 고전역학과 다른 점과 제기되는 문제에 대하여 간단하게 언급하고자 한다. 고전 물리학에서는 입자(질점)들은 잘 정해진 위치와 속도(운동량)를 갖는다. 입자들의 위치와 속도는 객관적인 속성(특성)이고 정해진 운동법칙에 따라 결정론적으로 움직인다. 그리고 물리계의 물리적 속성은 관측에 독립적으로 존재한다. 테니스 공의 한 가지 속성은 공의 위치이며 우리가 공을 슬쩍 쳐다 본다고 해서 공의 위치는 영향을 받지 않는다. 즉 고전적인 물리학으로는 객관적 세계가 실존하며, 객관적 세계는 정확하게 표현된 수학 방정식에 따라서 결정론적인 시간 진화를 한다. 이러한 것은 맥스웰(Maxwell)의 전자기 이론과 아인슈타인(Einstein)의 상대성 이론에서도 마찬가지다. 물리적 실재는 관측자와 독립적으로 존재한다.

양자역학에서는 고전 질점계에서 계의 상태를 나타내는 질점들의 위치 $q=(q_1, q_2, \cdots, q_n)$와 운동량 $p=(p_1, p_2, \cdots, p_n)$(또는 속도 $v=(v_1, v_2, \cdots, v_n)$)을 (무한 차원) 벡터공간의 상태벡터 ψ로 대치한다. 여기서 상태 벡터 ψ는 소이 "파동함수(wave function)"라고 불리는 복소함수 $\psi(q_1, q_2, \cdots, q_n; t)$로 표현된다. 상태벡터 $\psi=\psi_t$는 슈뢰딩거 방정식에 따라서 시간 진화를 하고 계의 "관측 가능한 것" A의 기댓값 $\langle A \rangle_\psi$를 준다. 상태 벡터 ψ_t의 시간 진화는 결정론적이지만 관측 가능한 것들의 기댓값을 측정하는(구하는) 과정에서 확률, 또는 우연의 개념이 도입된다. 양자역학은 한 관측에 대하여 한 결과에 대한 예측을 주지 않고, 대신에 여러 가지 가능한 결과에 대한 예측을 준다. 그리고 측정과정에서 상태벡터는 양자도약(quantum jump)을 하여 다른 상태벡터로 바뀐다.

양자역학에서 상태벡터의 객관적 성질과 확률론적인 측면 등 이와 관련된 해석에 대하여 여러 가지 의견과 논란이 있어 왔고 앞으로도 논란은 어느 정도 계속될 것이다. 아인슈타인은 양자역학에 대한 공헌(광전효과)으로 노벨상을 받았지만 양자역학의 확률론적 속성에 반대하였다. 아인슈타인은 우주가 우연에 의하여 지배받는다는 것을 도저히 받아들일 수가 없었고, "신은 주사위를 갖고 놀지 않는다"라는 말로 그의 심경을 표현하였다. 초기에 물리학자들이 양자론을 받아들이기가 힘들었던 이유는 양자론이 전통적인 물리학적 직관과 고전적인 사고와 상충이 되고, 그리고 그동안 물리이론의 기초인 합리주의의 영향에서 탈피하고 대신에 물리적인 의미를 직접 부여하기 힘든 수학적 형식체계를 도입한 것이었다.

양자역학을 받아들이는 대부분의 물리학자들 사이에도 양자역학에 대한 여러 가지 해석이 있다. 양자역학을 어떻게 받아들이느냐에 따라서 여러 가지 해석이 있을 수 있으나 대표적인 견해를 정리하면 다음과 같다[30, 32];

- 플라톤적 견해: 물리는 실재를 기술한다. 양자역학에서 우주의 파동 함수는 우주의 물리적 실재를 완전히 기술한다.
- 실증주의적 견해: 물리는 우리의 인식을 기술한다. 파동함수는 우리의 지식상태를 담은 것이고 양자론의 임무는 현재 주어진 우리의 지식상태로 미래에 일어날 것에 대하여 최선의 가능한 예측을 하는

것이다.

양자역학에 대한 플라톤적 견해는 양자 세계가 객관적이고 물리적인 실재(reality)로 존재한다는 것이고, 실증주의 견해는 보어(Bohr)를 중심으로 한 코펜하겐 학파의 전통적인 견해로서 양자역학은 계산과정을 제시하는 것이고, 객관적이고 물리적인 실재에 대한 설명을 직접 제공하지는 않는다는 것이다.

우리가 유념할 것은, 다른 물리 이론들과 마찬가지로 양자역학은 물리적 실재의 일부분을 어떻게 수학적으로 설명하는가를 우리에게 제시한다는 것이다. 그리고 양자역학은 "논리적 패러독스(모순)"를 포함하고 있지 않다. 더욱이 양자론과 실험 결과는 대단히 잘 일치하고 많은 것을 예측하게 한다. 보통 양자론은 원자의 구조와 안정성 및 결합 등 작은 비례구조에 적용된다는 이론이라고 생각할 수 있지만, 사실은 고체 물질의 존재성, 일반 물질의 물리적 및 화학적 성질 등 보통 비례 구조의 성질을 설명하기 위해서는 양자역학이 반드시 필요하다. 특히 텔레비전과 컴퓨터 등 전기 제품의 부품을 이루고 있는 반도체, 트랜지스터 및 집적회로의 작용 등을 포함하여 액정, 초전도체, 레이저의 특성 등은 양자역학이 지배하고 있다. 그리고 중성자 성(neutron star) 및 백색왜성(white dwarf)과 같은 차가운 별들의 존재와 안정성 문제 등 큰 비례구조의 설명에도 양자론이 필요하다.

20세기 후반 이후 현재 사용되는 컴퓨터의 한계성을 극복하기 위하여 양자 원리를 이용한 새로운 컴퓨터, 즉 양자 컴퓨터의 제작 가능성에 대한 연구가 진행되고 있고, 이와 관련하여 양자 계산 및 양자 정보이론이라는 새로운 연구 분야가 생기면서 이 분야에 많은 수학자와 물리학자들이 연구하고 있다[26, 32]. 양자 컴퓨터의 현실화 가능성에 대하여는 아직까지는 여러 가지 의견들이 있으나 최소한 현재 컴퓨터를 보완하는 형태로의 현실화는 머지않은 미래에 가능하리라고 기대한다.

다음 네 개의 장에 걸쳐 양자역학의 일반 형식, 불확정성 원리, EPR 실험과 벨(Bell)의 부등식, 그리고 양자 복제와 양자 테레포테이션에 관하여 설명하려고 한다. 양자역학이 수학적 형식으로 이루어졌기 때문에 어느 정도의 수학적 표현은 피할 수가 없었다. 양자역학을 처음 접하는 독자들은 다음 네 개의 장을 뛰어넘어갈 수도 있고 대충 읽어갈 수도 있다. 그러나 선형대수 정도의 수학 지식이 있거나 양자역학에 얼마간이라도 경험이 있는 독자들은 자세히 읽기를 바라며 무엇인가 얻을 것이 있기를 기대한다.

11. 양자론(Quantum Theory): 일반 형식(General Formalism)

하나의 위대한 이론을 구축하기 위한 준비연구는
살 집을 건축하기 위한 준비와 같이 최소한 신중하고 세밀해야 한다고
우리가 말할 수 있다고 나는 생각한다.
– 촬스 피어스(Charles Plerce) –

모든 이해는 겉으로 보이는 세계를
우리가 받아들이지 않는 것에서 시작된다.
– 애란 케이(Alan Key) –

양자론은 물리적 세계의 수학적 모델이다. 양자론은 물리 이론을 발전시키기 위한 수학적 틀로서 물리계의 법칙들이 무엇인가를 말하지 않고 그러한 법칙들을 발견하고 유도하며 발전시킬 수 있는 수학적이고 개념적인 골격을 제시하여 준다. 양자역학의 수학적 형식은 공리(axiom) 또는 공준(postulates)이라고 부르는 5개의 가설(제안)들로 이루어졌다. 양자론의 공리들을 어느 정도 정확하게 기술하려면 힐버트 공간(Hilbert space)과 선형 작용소(linear operator)에 대한 지식이 필요하며 이에 관한 것을 부록 A.2에 정리하였다. 그리고 좀 더 자세한 내용은 참고문헌 [26,31,33]을 읽기 바란다.

11.1 상태 공간

양자론의 첫 번째 공리는 양자역학의 상태공간이 무엇인가를 말한다. 그 공간은 소위 힐버트 공간이라고 부르는 내적(inner product)을 갖는 선형 벡터 공간이다.

공리 1: 각 고립된 물리계에 대하여 상태 공간이라 불리는 복소 힐버트 공간이 대응된다. 계는 힐버트 공간의 단위 벡터인 상태 벡터에 의하여 완전하게 기술된다.

양자론(양자역학)은 주어진 물리계의 상태 공간이 무엇이고 상태 벡터가 어떤 것인지 말하지 않는다. 특정 계에 대하여 그것들을 알아내는 것은 어려운 문제가 될 수 있다. 복소 힐버트 공간은 복소 선형 벡터 공간이므로 임의의 두 벡터 ψ_1과 ψ_2와 임의의 복소수 α_1과 α_2에 대하여 선형 결합

$$\psi = \alpha_1\psi_1 + \alpha_2\psi_2$$

도 벡터이다. 따라서 ψ의 정규화된 벡터 $\psi/\|\psi\|$는 상태 벡터가 된다. 이것을 "중첩 원리(superposition principle)"라고 부른다.

11.2 관측 가능한 것(observables)

관측 가능한 것은 원론적으로는 측정할 수 있는 물리계의 성질을 의미한다. 두 번째 공리는 관측 가능한 것이 무엇인가를 정의한다.

공리 2: 주어진 물리계에서 관측 가능한 것들은 대응하는 힐버트 공간에 작용하는 자기 수반 선형작용소들(self-adjoint linear operators)이다.

자기 수반 작용소를 에르미트(Hermitian) 작용소라고도 부른다. 두 벡터 ψ와 η에 대한 내적을 $<\psi, \eta>$라고 하자. 관측 가능한 것 A와 상태 벡터 ψ에 대하여

$$< A >_{\psi} := < \psi, A\psi >$$

를 상태 벡터 ψ에 대한 A의 "기댓값" 또는 간단하게 A의 기댓값이라고 부른다. 이에 대한 근거는 아래 공리 4의 양자 측정에 대한 설명에서 찾을 수 있다.

11.3 시간 진화

상태 벡터가 시간에 따라 어떻게 진화할까를 다음 공리는 말하여 준다.

공리 3: 고립된 양자계의 시간 진화는 슈뢰딩거 방정식(Schrödinger equation)

$$i\hbar \frac{d\psi}{dt} = H\psi$$

에 따라서 진화한다. 여기서 $\hbar$는 프랑크 상수(Plank constant)이고 H는 계의 해밀토니안이라고 하는 고정된 자기 수반 작용소이다.

계의 해밀토니안 H는 계를 구성하고 있는 원소들 사이의 상호 작용으로 결정된다. 상태 벡터의 초기 조건 $\psi(0) = \psi$를 주면 슈뢰딩거 방정식의 해는

$$\psi(t) = U(t)\psi,$$
$$U(t) = \exp(-itH/\hbar)$$

이다. 위에서 $U(t)$는 각 $t \in \mathbb{R}$에 대하여 유니타리 작용소임을 기억하자. 상태벡터의 시간진화는 유니타리 진화이며, 계의 초기 시간($t = 0$)의 상태 ψ를 주면 임의의 시간에서 계의 상태 $\psi(t)$가 결정된다. 따라서 양자역학에서 상태 벡터의 시간 진행은 결정론적이다.

초기 시간에 상태 벡터 ψ가 주어졌을 때 관측 가능한 것(자기 수반 작용소) A의 시간 t에서 기댓값은

$$\begin{aligned} < A >_{\psi(t)} &= < U(t)\psi, AU(t)\psi > \\ &= < \psi, U(-t)AU(t)\psi > \end{aligned}$$

이다. 위의 첫 번째 식은 시간 진화에 따라서 관측 가능한 것 A는 고정되어 있고 상태 벡터가 시간 진화를 한 표현이고, 두 번째 식은 A는 시간 진화

$$A(t) = U(-t)AU(t)$$

를 하고 상태 벡터 ψ는 고정된 것으로 본 표현이다. 위의 식 양변을 t에 대한 미분을 하면 “하이젠베르크 방정식”

$$-i\hbar\frac{dA(t)}{dt}=[H,A(t)]$$

를 얻는다. 여기서 $[A,B]$는 작용소 A와 B의 교환자$[A,B]:=AB-BA$를 말한다. 즉 슈뢰딩거 방정식은 상태 벡터에 대한 운동 방정식이고, 하이젠베르크의 방정식은 관측 가능한 것에 대한 운동 방정식이다. 반대로 하이젠베르크의 방정식에서 출발하여 역순으로 위로 올라가면 슈뢰딩거 방정식을 유도할 수 있다. 그리고 하이젠베르크의 방정식에서, 만약 관측 가능한 것 A와 해밀토니안 H가 교환 가능하면 ($[A,H]=0$), A와 A의 기댓값은 시간 진화에 변화가 없다는 "일반적인 보존 법칙"이 유도된다.

11.4 양자 측정(Quantum measurement)

고립된 양자계는 유니타리 진화로 시간 진화를 하는 것을 알았다. 그러나 관측자가 측정 기구를 갖고 양자계의 내부에서 무엇이 일어나고 있는가를 측정하려고 하면, 측정 기구와 양자계는 상호 작용을 하게 되고 양자계는 더 이상 고립계가 아니고 측정 전과 측정 후의 변화는 유니타리 변화일 필요는 없다.

공리 4: 양자 측정들은 측정하고자 하는 계의 상태 공간에 작용하는 상호 직교인 직교 사영 작용소들의 모임 $\{P_{r_n}\}$이다. 모임은 "완성 조건"

$$\sum_n P_{r_n}=\mathbb{I}$$

을 만족시킨다. 각 P_{r_n}에서 r_n은 실수이고 실험에서 얻어지는 실험

결과의 값을 나타낸다. 만약 측정 직전에 계의 상태가 ψ라고 한다면, 실험값 r_n을 얻을 확률은

$$P(r_n) = <\psi, P_{r_n}\psi>$$

이고 측정 후의 계의 상태는

$$P_{r_n}\psi / \| P_{r_n}\psi \| \qquad \text{이다.}$$

먼저 공리 4의 내용의 의미를 살펴보자. 완성 조건에서 $\sum_n P(r_n) = 1$이므로 $\{P(r_1), P(r_2), \cdots\}$은 확률분포가 된다. 설명을 쉽게 하기 위하여 유한 차원의 상태 공간을 생각하자. m-차원 힐버트 공간은 m-차원 복소 공간 $\mathbb{C}^m$에 해당되고, 측정 가능한 것 A는 에르미트 행렬로 표현된다. 임의의 에르미트 행렬 A는 다음과 같이

$$A = \sum_{n=1}^{m} r_n P_{r_n}$$

으로 대각선 분해(diagonal decomposition)를 할 수 있다. 여기서 r_n과 P_{r_n}은 각각 A의 고유값(eigenvalue)과 고유 공간(eigenspace)으로의 사영이다. 양자 측정으로 $\{P_{r_n}\}$을 택하면 계의 상태 ψ에 대한 기댓값은

$$\begin{aligned} < A >_\psi = \sum_n r_n P(r_n) &= \sum_n r_n < \psi, P_{r_n}\psi > \\ &= < \psi, A\psi > \end{aligned}$$

이다. 위에서 마지막 등식을 유도하는데 A의 대각선 분해를 사용하였다.

공리 4에서 제안한 측정 과정에서 확률의 개념이 도입되었고 또 측정 과정에서 양자계의 상태가 불연속적으로 변하는 것을 볼 수 있다. 이 변함을 "양자 도약(quantum jump)" 또는 "파동 묶음(wave packet)의 붕괴"라고 불리고 있다. 양자론에서 많은 논란들은 공리 4에 그 근거를 두고 있다.

11.5 합성계(composite systems)

두 개(또는 여러 개)의 서로 구별되는 양자 계들로 이루어진 하나의 합성계의 상태 공간은 다음과 같다.

공리 5: 합성계(composite systems)의 상태 공간은 성분 물리계들의 상태 공간들의 텐서 곱 공간(tensor product space)이다. 만약 성분 물리계들을 1에서 n까지 번호를 붙이고 i-번째 계의 상태가 ψ_i라고 하면 합성계의 상태는 $\psi_1 \otimes \psi_2 \otimes \cdots \otimes \psi_n$이다.

위의 공리에 대하여 간단히 설명하자. 두 성분 계 A와 B로 이루어진 합성계 AB를 생각하자. A의 상태가 ψ_A이고, B의 상태가 ψ_B라면 합성계의 상태가 $\psi_A\psi_B(=\psi_A \otimes \psi_B)$가 된다는 것은 자연스럽다. 모든 가능한 $\psi_A\psi_B$를 모아서 선형 결합(중첩 원리)을 하면 텐서 곱 공간을 얻는다(부록 A.2.3).

두 개의 성분계(A와 B)로 합성된 계의 상태 공간 $\mathcal{H}_A \otimes \mathcal{H}_B$를 생각

하자. 주어진 상태 벡터 $\psi \in \mathcal{H}_A \otimes \mathcal{H}_B$에 대하여, 만약 $\psi_A \in \mathcal{H}_A$와 $\psi_B \in \mathcal{H}_B$가 존재해서 $\psi = \psi_A \otimes \psi_B$가 되면, ψ를 "분리 가능한 상태(separable state)"라고 부른다. 분리 가능하지 않은 상태를 "꼬인 상태(entangled state)"라고 부른다. 꼬인 상태들은 텐서 곱 공간의 중첩 원리에서 나온 양자계의 상태들로서, 고전 물리계에서는 볼 수 없는 상태들이다. (고전역학에서 합성계에 대응하는 상공간의 차원은 각 성분계에 대응하는 상공간의 차원들의 합(sum)이다. 그러나 양자역학에서 합성계에 대응하는 힐버트 공간의 차원은 각 성분 계에 대응하는 힐버트 공간의 차원들의 곱(product)이다.) 따라서 고전 물리계에서 볼 수 없는 양자계의 특이한 특성들은 꼬인 상태에서 나타나는 경우가 많이 있다. 13장의 EPR 실험과 벨의 부등식 그리고 14장의 양자 복제와 양자 테레포테이션을 참조하기 바란다.

양자역학의 기본 형식과 물리적 개념에 대하여 살펴보았다. 궁금한 게 있다면 학자들은 어떻게 위에서 설명한 공리들을 찾아냈을까 하는 것이다. 양자 공리들은 많은 학자들이 오랜 시간 동안 연구를 통하여 얻은 결과이다. 앞에서 기술한 양자 공리들은 좀 더 일반화가 가능하다. 예를 들어 공리 1의 양자상태에서 순수상태(pure state)인 상태벡터를 섞인 상태(mixed state)인 밀도행렬(density matrix)로 대치할 수 있고, 공리 4의 양자측정에서 직교사영 작용소들 대신에 적당한 조건을 만족시키는 양의 작용소들의 모임으로 대치할 수 있다[26, 31]. 양자론은 앞으로도 공리들에 대한 어느 정도의 수정을 거치면서 발전할 것이다.

12. 불확정성 원리 (Uncertainty Principle)

내가 양자조건에 관한 하이젠베르크의 착상을 신비스러운 방정식
$pq - qp = i\hbar$
으로 응축시키는데 성공하였을 때 내가 경험한 그 희열을
절대 잊지 못할 것이다. 이 방정식은 양자역학의 중심이고
후에 불확정성 원리를 암시하는 것이 밝혀졌다.
– 막스 보른(Max Born) –
물리학과 형이상학(1950)

양자역학에서 사람들에게 가장 잘 알려진 결과는 하이젠베르크의 불확정성 원리(uncertainty principle)일 것이다. 불확정성 원리를 "한 질점의 위치와 운동량(질량×속도)을 동시에 정확하게 측정하는 것은 불가능하다"라고 보통 해석한다. 좀 더 구체적으로 이야기하기 위해서 $\Delta(q)$와 $\Delta(p)$를 각각 질점의 위치와 운동량의 불확정성(표준편차)이라고 하면, 하이젠베르크는 1927년에 부등식

$$\Delta(q)\Delta(p) \geq \hbar/2 \tag{12.1}$$

를 유도하였다[21]. 위의 부등식을 하이젠베르크의 "불확정성 관계"라고

부른다. 고전역학에서는 주어진 상태에 있는 질점의 위치와 운동량(속도)을 얼마든지 정확하게 측정하는 것이 가능하다. 그러나 위의 부등식에 따르면 질점의 위치를 좀 더 정확하게 측정하려고 하면 운동량의 측정은 좀 더 불확실하게 되고, 그 역도 성립한다. 때때로 불확정성 관계를 잘못 해석하고 일반화하는 경우가 있어 앞 장의 양자 공리들에 따라서 그 의미를 정확하게 살펴볼 필요가 있다.

임의의 관측 가능한 것(자기수반 작용소) X와 양자 상태 ψ에 대하여 기댓값을 $< X >_\psi = < \psi, X\psi >$라고 하고, 표준 편차를

$$\Delta_\psi (X) := [< \psi, (X - < X >_\psi)^2 \psi >]^{1/2}$$

라고 하자. A와 B를 자기수반 작용소라 하고 A와 B의 교환자(commutator)를 $[A, B] := AB - BA$라고 하자. 내적 공간의 슈바르츠 부등식을 사용하면 하이젠베르크의 불확정성 관계

$$\Delta_\psi (A) \Delta_\psi (B) \geq \frac{1}{2} | < \psi, [A, B]\psi > | \qquad (12.2)$$

가 쉽게 유도된다(부록 A.3). P를 운동량 작용소, Q를 위치 작용소라고 하면 P와 Q는 정준 교환 관계(canonical commutation relation)$[P, Q] = i\hbar$를 만족시키므로 부등식 (12.2)에서 불확정성 원리 (12.1)을 얻는다. 따라서 불확정성 원리 (12.1)은 위치 작용소 Q와 운동량 작용소 P의 비 양립성(incompatibility)(교환 가능하지 않음)에서 나온 결과이다.

불확정성 관계 (12.2)에 대한 잘못된 해석은 주어진 양자상태 ψ에 대

하여 A와 B를 동시에 측정하면 측정된 표준편차들이 부등식 (12.2)를 만족시킨다는 것이다. 양자론의 공리 4에 따르면 자기수반 작용소 A를 측정하기 위해서는 A와 교환 가능한 사영 작용소 P_{r_n}들의 모임 $\{P_{r_n}\}$을 선택하여야만 한다. 그러나 A와 B가 교환가능하지 않으면 A와 교환 가능하고 B와도 교환 가능한 양자 측정은 존재하지 않는다. 불확정성 관계 (12.2)에 대한 올바른 해석은 다음과 같다. 만약 같은 준비 과정을 통해 같은 양자상태 ψ를 갖는 계를 많이 준비하고 (ψ의 앙상블), 각 ψ에 대하여 A나 또는 B를 측정하면 A와 B에 대한 여러 결과들의 표준편차는 부등식 (12.2)를 만족시킨다는 것이다.

다음은 A와 B의 정의역에 대한 문제이다. A와 B가 유계작용소 (bounded operators)이면 부등식 (12.2)의 각 항은 잘 정의된다. 그러나 위치 작용소 Q와 운동량 작용소 P는 비유계 작용소(unbounded operators)이다. 식 (12.2)에서

$$[A, B]\psi = AB\psi - BA\psi$$

이므로, A와 B의 교환자가 상태 벡터 ψ에 정의되려면 ψ는 A와 B의 정의역에 있어야 하고 또 $A\psi$와 $B\psi$는 각각 B와 A의 정의역에 들어 있어야 한다. 예를 들어보자. 구간 $[0, 2\pi]$에서 각변수(angular variable) θ를 생각하자[31]. 각운동량은 $P_\theta = i\hbar d/d\theta$이고, $[P_\theta, \theta] = i\hbar$이다. 그러면 불확정성 원리

$$\Delta(\theta)\Delta(P_\theta) \geq \hbar/2$$

가 성립할까? 대답은 아니다. P_θ의 고유벡터(고유함수) $\psi_m = e^{im\theta}/\sqrt{2\pi}$에 대하여 $\Delta_{\psi_m}(P_\theta) = 0$이다. 따라서 위의 부등식에서 왼쪽 항은 영이다. 무엇이 잘못되었느냐 하면 $\theta\psi_m$은 P_θ의 정의역에 없다는 것이다. P_θ의 정의역은 주기 조건($\psi(0) = \psi(2\pi)$)을 만족시키고 미분 가능한 함수들의 모임이다. 그러나 $\theta\psi_m$은 주기 조건을 만족시키지 못한다.

마지막으로 에너지와 시간에 대한 불확정성 관계, $\Delta(E)\Delta(t) \geq \hbar/2$는 잘못된 것이다[31]. 시간의 매개변수 t는 작용소(고전역학에서 동역학 변수)가 아니므로 양자론의 공리 2에 의하여 측정 가능한 것이 될 수 없다. 다라서 표준편차 $\Delta(t)$는 의미가 없다.

하이젠베르크가 부등식 (12.1)을 발견하게 된 과정과 어떻게 "불확정성" 원리라는 용어를 사용하게 된 배경이 매우 흥미롭다[24]. 그는 1926년 9월부터 약 1년간 보어의 조수로서 코펜하겐의 연구소에서 지냈다. 당시는 양자역학의 초창기로서 하이젠베르크, 디락, 파울리, 보른 등 20대의 젊은 물리학자들에 의하여 양자역학의 여러 가지 새로운 성질과 결과들이 속속 밝혀지고 있었다. 40대 초반인 보어는 스스로 젊은 학자들의 조언자와 양자역학의 대변인 역할을 자임하면서 좀 더 많은 물리학자들에게 양자역학을 이해시키려면 양자역학의 물리학적 특성과 이에 대한 해석을 명확하게 할 필요가 있다고 생각하였다.

그래서 보어는 양자역학을 연구하고 있는 젊은 학자들에게 그들의 결과에 대하여 질문을 하고 토론을 하였으며, 특히 자신의 조수인 하이젠베르크에게는 시간과 장소에 관계없이 집요하게 질문을 하였으며 격론을 벌였다고 한다. 하이젠베르크는 양자역학의 정당성은 이론 자체에 내재되었다고 믿고 있었으며, 보어의 양자역학에 대한 철학적 접근에 대하여 동료인 파울리에게 불평하였고 파울리는 그에게 보어의 의견을 좀 더 깊이 생각해 보라고 조언하였다고 한다.

1927년 2월에 보어는 노르웨이에 스키를 타러 휴가를 떠났고 하이젠베르크는 연구소에 남아서 보어와 토론한 내용에 대하여 깊이 생각하였고, 고전역학과 근본적으로 다른 양자역학의 특성을 보여주는 간단한 결과를 찾으려고 노력하였다. 이즈음 양자 질점계에서 질점의 위치와 운동량(속도)의 비 양립성을 디락과 파울리도 알고 있었고, 파울리는 하이젠베르크에게 쓴 편지에서 "위치의 눈으로 세계를 볼 수 있고 운동량의 눈으로 세계를 볼 수 있으나 두 눈으로 동시에 세계를 보면 당신은 미치게 될 것이다"라고 말하였다. 하이젠베르크는 양자 질점계의 위치와 운동량의 비 양립성을 직접 측정할 수 있는 방법을 찾다가 드디어 부등식 (12.1)을 유도하였다. 그는 자신의 연구결과를 편지로 파울리에게는 자세하게 설명하였으나 보어에게는 당신이 연구소에 돌아오면 흥미 있는 결과가 기다리고 있을 거라고 말하였다고 한다. 그리고 하이젠베르크는 보어가 돌아오기 전에 연구결과를 정리하여 학술지에 발표하려고 투고하였다.

보어는 연구소에 돌아온 후 하이젠베르크로부터 연구내용을 자세히 듣고 그 결과의 정확한 의미에 대하여 하이젠베르크와 함께 집중적으로 토론하였고, 그에게 학술지로부터 논문 원고를 돌려받아 원고를 수정하여 연구결과에 대한 해석을 명확하게 한 후에 재투고 하라고 요구하였다고 한다. 하이젠베르크는 보어의 요구를 계속 거절하다가 보어가 논문의 작은 기술적인 오류를 지적하자 할 수 없이 5월 논문이 출판되기 직전에 논문 끝에 한 문장을 추가하였다고 한다.

하이젠베르크는 그의 논문[21]에서 부등식 (12.1)의 의미를 "부정확성(ungenauigkeit)"이라고 하였다가 또는 "비결정성(unbestimmkeit)"이라고 표현하였고 논문 끝에 추가된 문장에서 드디어 "불확정성(unsicherheit)"이라는 용어를 사용하면서 개념을 명확하게 해준 보어에게 감사하다고 하였다. 양자역학에서 유명한 "불확정성"원리라는 용어가 도입되는 과정은 순탄하지 않았으며, 보어는 자신이 선호한 불확정성이라는 용어가 양자역학에 정착하는 데 그 후에도 많은 역할을 하였다.

보어는 하이젠베르크, 파울리 등과 토론하면서 얻은 양자역학의 여러 가지 결과에 대한 정확한 의미와 철학적 해석을 정비하고 다듬어서 학술회의에서 또 논문으로 발표하였고, 발표한 내용은 양자역학에 대한 "코펜하겐 해석(Copenhagen interpretation)"이라고 불리어 왔다.

13. EPR-실험과 벨의 부등식(Bell's Inequality)

산책 도중 아인슈타인은 갑자기 멈춰서 나를 보고
내가 달을 직접 바라볼 때만 달이 실제로 존재하는 것을 믿느냐고 질
문한 것이 떠오른다. 나머지 산책은 물리학자가 "존재"라는 용어가 무엇을
의미해야만 하는지에 대한 토론으로 보냈다.
– 아브라함 파이스(Abraham Pais) –

양자역학에 의하여 충격을 받지 않은 사람은
양자역학을 이해하지 못한 것이다.
– 닐스 보어(Niels Bohr) –

보통의 직관으로나 또는 고전적 결정론으로 볼 때 양자역학이 이상하게 보이는 것은 상태벡터를 직접 관찰할 수 없다는 것이다. 고전역학에서는 질점의 위치와 운동량(속도)과 같은 물리계의 기본적 성질들은 직접 관찰할 수가 있다. 그러나 양자역학에서는 이와 같은 양들은 기본적 성질이 아니라고 보고 대신 직접 관찰이 불가능한 상태벡터로 대치하였다. 고전역학에서는 계의 상태가 슬쩍 관찰한다고 변하는 것이 아니다. 그러나 양자론의 공리 4에 따르면 정보를 얻으려고 양자계를 관찰(측정)하는 것은 상대벡터를 변하게 하는 큰 사건이다.

초기에는 많은 물리학자들이 자연에 대한 양자론적 견해를 받아들이기가 어려웠다. 이미 이야기하였듯이 아인슈타인은 양자론의 객관적 실재(reality)의 결여와 확률론적 측면을 받아들일 수가 없었다. 아인슈타인(Einstein)은 포돌스키(Podolsky) 및 로센(Rosen)(이하 EPR이라고 함)과 함께 쓴 유명한 "EPR 논문(1935)"에서 양자역학이 자연에 대한 완전한 이론이 아니라는 것을 보일 수 있는 상상실험(생각으로 하는 실험)을 제안하였다.

EPR의 논거는 "실재의 요소(elements of reality)"가 무엇인가에 있고 실재의 요소들은 완전한 물리학 이론에서는 반드시 표현되어야 한다는 것이다. 물리적 성질의 실재의 요소들이라는 것은 측정하기 전에 물리적 성질의 값을 확실하게 예측 가능한 것들이라고 주장하였다. 논거의 목적은 양자역학에 포함되지 못한 실재의 요소들을 가려내어 양자역학이 완전한 이론이 아니라는 것을 보여주는 데 있었다. EPR은 실험대상으로 고전이론에서는 나타나지 않는 양자 합성계의 꼬인 상태(entangled state)를 선택하였다. EPR의 원래의 상상실험 대신에 보옴(Bohm, 1951)이 제안한 변형(version)을 설명하고자 한다. 양자 스핀계에 대하여는 부록 A.4를 참조하기 바란다. 아래 설명하고자 하는 내용은 대부분 문헌[26]의 내용을 참고하고 보충하여 정리한 것이다.

전자와 양전자와 같은 두 개의 $\frac{1}{2}$-스핀계의 합성 스핀계에서 상태벡터

$$\psi = \frac{1}{\sqrt{2}}[\,|\,1 > \otimes|-1>-|-1> \otimes|1>] \tag{13.1}$$

을 생각해 보자. 위의 벡터는 합성 스핀계의 최대한도로 꼬인 상태로서,

$\pi^0 \rightarrow e^- e^+$ 붕괴와 같이 스핀이 없는 계가 두개의 $\dfrac{1}{2}$-스핀 입자들의 쌍으로 붕괴될 때 붕괴 후 상태를 나타낸다. 다음은 임의의 방향 $\vec{v} = (v_1, v_2, v_3)$에 대하여 두 스핀계의 스핀들을 측정하려고 한다. $\vec{v}$-방향의 스핀 작용소는 $\vec{v} \cdot \vec{\sigma} = (v_1\sigma_x + v_2\sigma_y + v_3\sigma_z))$이다. 여기서 σ_x, σ_y, σ_z들은 파울리(Pauli)의 스핀 작용소들이다(부록A.4). $\vec{v} \cdot \vec{\sigma}$의 고유값(eigenvalue)은 $+1$과 -1이며 대응하는 단위 고유벡터를 각각 $|a>$와 $|b>$라고 표시하면, $|1>$과 $|-1>$은 $|a>$와 $|b>$의 선형 결합으로 나타낼 수 있다. 이 선형 결합들을 식 (13.1)에 대입하고 관측되지 않는 위상인자(phase factor)를 무시하면 식 (13.1)의 상태벡터 Ψ는

$$\Psi = \frac{1}{\sqrt{2}}(|a> \otimes |b> - |b> \otimes |a>) \tag{13.2}$$

가 된다([26]의 2.6절).

이제 EPR 실험을 할 준비가 되었다. 애리스(Alice)와 봅(Bob)이라는 사람들에게 속한 꼬인 상태(13.2)를 생각하자. 예를 들어 $\pi^0 \rightarrow e^- \ e^+$ 붕괴 후에 애리스가 전자(e^-), 봅이 양전자(e^+)를 갖고 있다고 하자. 애리스와 봅이 서로 멀리 떨어져 있다고 하자. 애리스가 $\vec{v}$-축 방향의 스핀 측정을 시행한다. 즉 애리스는 (13.2)의 상태 벡터에서 스핀 작용소 $\vec{v} \cdot \vec{\sigma}$를 측정한다. 양자론의 공리 4에 따라 애리스의 양자측정은$\{|a><a|, |b><b|\}$이다. 여기서 $|a><a|$는 $|a>$축으로의 사영 작용소이고, $|b><b|$는 $|b>$축으로의 사영작용소이다. 만약 애리스가 측정 결과 $+1$을 얻었다면, 봅이 $\vec{v}$방향의 스핀을 측정한다면 스핀값 -1을 얻게 되리라고 애리스는 확실하게 예측할 수 있다. 마찬가지로 애리스의 측정

값이 -1이면, 봅은 $+1$을 측정하게 될 거라고 예측할 수 있다. 봅이 갖고 있는 스핀계의 $\vec{v}$-방향의 스핀값은 애리스가 항상 예측 가능하므로, 봅의 스핀계의 임의의 방향의 스핀의 물리적 성질은 실재의 요소이다. 애리스와 봅의 역할을 바꾸면 애리스의 스핀계의 스핀도 물리적 실재를 가져야 한다. 따라서 스핀계의 모든 방향의 스핀은 $+1$이나 -1의 값을 갖는 변수(또는 함수)로 표현되어야 한다. 그리고 애리스와 봅이 아무리 멀리 떨어져 있어도 상대방의 스핀값을 예측 가능하므로 국소성(locality)의 문제가 제기된다.

EPR의 논거에 대하여 여러 가지 이유로 반대 논거들이 제시되었지만 물리학에서 가장 확실한 방법은 EPR의 논거가 실험적으로 성립하지 못한다는 것을 보이는 것이다. 실험의 열쇠는 벨의 부등식(Bell's inequality)이다. 벨의 부등식은 양자역학에 대한 결과가 아니고, EPR이 자연이 반드시 지켜야 한다고 믿는 관점에 대한 결과다. 벨의 부등식을 얻기 위하여 다시 상상 실험을 하자([26] 참조).

찰리(Charlie)가 두 입자를 준비하였다고 상상하자. 준비가 끝난 후 찰리는 한 입자를 애리스에게 나머지 입자를 봅에게 보낸다. 애리스는 입자의 두 가지 물리적 성질을 측정할 수 있는 측정기구를 가졌다고 하자. 두 물리적 성질을 변수(함수) Q와 R로 표현하고 Q와 R의 값(측정값)은 각각 $+1$이거나 -1이라고 하자. 마찬가지로 봅의 입자는 S와 T로 표현된 두 가지 물리적 성질을 갖고 있으며 S와 T의 값은 각각 $+1$이거나 -1이라고 하자. 그림 13.1을 참조하기 바란다.

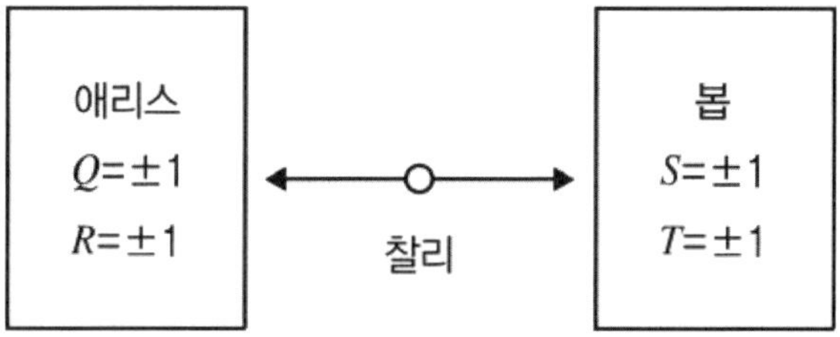

[그림 13.1] 벨의 부등식을 얻기 위한 실험 설정

주목하여야 할 것은 찰리가 입자들의 상태를 미리 준비하여 Q, R, S, T의 확률분포($P(q, r, s, t)$)는 미리 결정되었다.

간단한 계산을 하여보자. 등식

$$QS + RS + RT - QT = (Q + R)S + (R - Q)T$$

에서 $R, Q = \pm 1$ 이므로 $(Q + R)S = 0$ 이거나 $(R - Q)T = 0$ 이다. 따라서

$$QS + RS + RT - QT = \pm 2$$

임을 알 수 있다. 양변에 기대치를 택하면 벨의 부등식

$$\mathbb{E}(QS) + \mathbb{E}(RS) + \mathbb{E}(RT) - \mathbb{E}(QT) \leq 2 \tag{13.3}$$

가 성립한다. 위의 부등식을 CHSH부등식이라고도 부른다. 여기서 CHSH는 위의 부등식을 유도한 사람들(Clouser, Horne, Shimony, Holt; 1969) 이름의 머릿글자를 딴 것이다. 식 (13.3)의 형태의 부등식을 처음 벨(Bell, 1964)[2]이 발견하여 이런 형태의 부등식들을 벨의 부등식이라고 부른다.

다시 양자역학으로 돌아가자. 찰리는 합성 스핀계에 대하여 꼬인 상태 (13.1)로 주어진 상태벡터 ψ를 준비하여, 첫 번째 스핀계를 애리스에게, 두 번째 스핀계를 봅에게 보낸다. 애리스와 봅은 아래의 관측 가능한 것들을 측정하였다:

$$Q = Z_1, \qquad S = \frac{1}{\sqrt{2}}(-Z_2 - X_2)$$

$$R = X_1, \qquad T = \frac{1}{\sqrt{2}}(Z_2 - X_2)$$

여기서 $Z_{1,} Z_2$ 등은 각각 애리스와 봅이 갖고 있는 스핀계의 σ_z 등을 말한다. 직접 계산한 것을 종합하면 등식

$$< QS >_\psi + < RS >_\psi + < RT >_\psi - < QT >_\psi = 2\sqrt{2} \tag{13.4}$$

을 얻는다. 위의 결과는 벨의 부등식 (13.3)을 만족시키지 못한다.

다행히 실험을 통하여 (13.3)과 (13.4) 중에서 어느 것이 맞는가를 검증할 수 있었고(Aspect의 연구진; 1982), 그 결과는 양자역학의 손을 들어 주었다. 그러면 우리가 배울 것은 무엇인가? 벨의 부등식 (13.3)을 유도하기 위하여 물리적 성질들 Q, R, S, T가 관측에 관계없이 특정한 값을 갖는다는 것, 즉 "실재성"과 애리스와 봅의 측정은 서로 영향을 주지 않는다는 것 "국소성"을 사용하였다. 두 가정을 "국소 실재성"이라 부른다. 즉 양자역학에서는 국소 실재성이 성립하지 않는다는 사실이다. 좀 더 자세한 내용은 참고문헌 26과 31을 읽기 바란다.

종합해서 이야기를 하면, 두 개의 양자 계들로 이루어진 합성계의 꼬인 상태에서는 구성 개체의 각각의 정체성(identity)은 없고 합성계로의 정체성만이 있다. 꼬인 상태에서는 합성계를 구성하고 있는 구성 개체들을 떼어놓고 생각할 수 없다는 이야기다.

14. 양자복제(Quantum Cloning)와 양자 테레포테이션 (Quantum Teleportation)

양자 현상들은 힐버트 공간에서 일어나지 않는다.
그것들은 실험실에서 일어난다.
– 애셔 페레스(Asher Peres) –

앞장에서 우리는 EPR-실험에서 양자 합성계의 꼬인 상태가 내포하고 있는 특이한 성질, 즉 실재성이나 또는 국소성이 성립하지 않는다는 EPR-효과를 살펴보았다. 합성계의 상태공간은 각 구성계의 상태공간들의 텐서 곱 공간임을 상기하자(양자공리 5). 그리고 합성계의 대부분의 상태 벡터는 꼬인 상태이다[29, 30]. 따라서 합성계의 꼬인 상태들을 재원으로 적절히 사용하면 고전이론으로는 불가능한 여러 가지 일들을 양자론으로는 가능하게 할 수 있을 것이다. 하나의 예로서 양자 테레포테이션을 생각하여 보자.

테레포테이션하면 오래전에 TV에서 연속으로 방영하였던 스타트렉(Star-Treck)이 떠오른다. 우주선 엔터프라이스의 선장 커크(Kirk)와 승무원 몇 명이 미지의 행성을 탐사하기 위해 우주선의 정해진 장소에 서 있으면 그들은 순간적으로 빛으로 변하여 사라진 후 행성표면에 역 과정을 통하여 홀연히 나타난다. 이 테레포테이션 과정에서 승무원 각 개인의 정체성을 완전하게 보존하면서 고전적인 운송수단을 사용하지 않고 승무원 그 자체(그것이 무엇인지는 잘 모르겠지만)를 우주선에서 행성 표면으로 내려 보내야 할 것이다. 과연 그것이 가능할까? 양자 테레포테이션이란 임의로 주어진 양자상태를 한 장소에서 정해진 다른 장소로 보내는 것이다. 양자 테레포테이션과 관련이 있는 것이 양자복제 문제인데 임의로 주어진 미지의 양자상태를 교란시키지 않고 완전하게 복제(복사)가 가능한가 하는 것이다. 결론부터 말하면 양자복제는 불가능하고, 양자 테레포테이션은 합성계의 꼬인 상태를 적절히 사용하면 가능하다는 것이다 [26, 32].

고전정보는 복제 또는 복사할 수 있다. 고전정보는 숫자화(digital)된 정보로서 숫자들의 나열로 이루어진 것이다. 따라서 고전정보를 복사하려면 숫자들의 나열을 읽고 순서대로 옮기면 된다. 수학분야의 (영문으로 된) 연구논문이나 전문서적을 출판하려면 그 내용을 보통은 AmsTex 파일이나 LaTex 파일로 만들어 출판사로 전송하면 출판사는 그 파일로 책이나 논문을 원하는 부수만큼 출판한다. 그리고 사무실에서 사용하는 복사기는 문자, 수식 또는 그림으로 된 정보를 복사할 수 있다. 양자정보는 힐버트 공간의 상태벡터로 주어지고 미지의 상태벡터를 손상시키지 않고 복제하는 것은 불가능하다. 따라서 양자정보의 도청은 도청한 흔적을 남기기 때문에 불가능할 것이다.

미지의 양자상태의 복제는 왜 불가능한가? 가장 간단한 논거는 다음과 같이 줄 수 있다. 양자 스핀계의 미지의 상태벡터 ψ가 주어졌다고 하자.

만약 아무 손상 없이 ψ를 완전하게 복제할 수 있다면, 합성 상태벡터 $\psi\otimes\psi$을 만들 수 있다. 이 합성벡터를 다시 복제하면 4-중 합성 상태벡터를 얻는다. 이 과정을 계속하면 임의의 자연수 n에 대하여 2^n-중 합성상태 $\psi^{(n)} := \psi\otimes\psi\otimes\cdots\otimes\psi$를 얻는다. n이 충분히 크면 합성계의 각운동량은 충분히 크므로 고전적인 방법으로 합성계의 각 운동량의 기댓값과 스핀의 방향 등을 측정할 수 있다. 이 결과로부터 원래 스핀계의 상태벡터 ψ에 대한 각 운동량의 기댓값과 스핀의 방향 등을 알 수 있다. 즉 미지의 상태벡터를 교란시키지 않고도 관측 가능한 것들의 기댓값을 측정할 수 있다는 것이다. 이 결론은 양자 측정공리(공리 4)에 위배된다. 혹시라도 양자 측정공리를 수정하면 된다는 주장이 있을 수 있어, 양자 측정공리를 사용하지 않고 양자복제의 불가능성을 직접 보여주는 것이 의미가 있을 것이다.

양자 복사기를 사용하여 힐버트 공간 $\mathcal{H}$의 미지의 상태벡터 ψ를 미리 준비한 $\mathcal{H}$의 상태벡터 η에 복사하려고 한다. 복사기의 초기 상태는 $\psi\otimes\eta$이고 이 합성벡터에 유니타리 작용소 U를 작용시켜 복사 $\psi\otimes\psi$를 하였다고 하자. 이 복사과정을 미지의 두 상태벡터 ψ와 ϕ에 적용시켰다고 하면 등식

$$U\psi\otimes\eta = \psi\otimes\psi$$
$$U\phi\otimes\eta = \phi\otimes\phi$$

가 성립한다. U는 유니타리 작용소이고 각 상태벡터는 단위벡터임을 상기하자. 위의 왼쪽에 있는 두 벡터들의 내적을 취하고, 오른쪽의 두 벡터들의 내적을 취하면 등식

$$(\psi,\phi)=(\psi,\phi)^2$$

을 얻는다. 따라서 $(\psi,\phi)=1$ 또는 $(\psi,\phi)=0$이다. 즉 $\psi=\phi$이거나 또는 ψ와 ϕ는 서로 직교(orthogonal)한다. 따라서 만약 양자 복사기(복제기)가 있다면 서로 직교하지 않는 두 개의 상태벡터들은 복사 불가능하다. 이것을 불복제 정리(the no-cloning theorem)라고 부른다. 만약 임의로 주어진 미지의 상태벡터 ψ를 복제 가능하게 하는 양자장치가 존재한다면, 그 장치는 임의로 주어진 또 다른 상태벡터 ϕ도 복제 가능하여야 한다. 그러나 ψ와 ϕ가 서로 직교하지 않으면 ϕ는 복제가 불가능하다. 따라서 양자 복제 장치는 존재할 수 없다.

유니타리 작용소로서는 미지의 양자상태를 교란시키지 않고 완전하게 복제하는 것은 불가능하다는 것을 알아 보았다. 여기서 몇 가지 질문이 제기될 수 있다. 유니타리가 아닌 작용소로서는 미지의 양자상태를 복제할 수 있는가? 양자상태는 복사가 불가능한데 왜 고전정보는 복사가 가능한가? 유니타리 작용소가 아닌 작용소를 사용하더라도 미지의 양자상태를 교란시키지 않고 완전하게 복제하는 것은 불가능하다는 것이 알려졌다([26]의 참고문헌). 그리고 고전정보가 복사 가능한 것은 양자 불복제 정리에 위배되지 않는다. 왜냐하면 서로 다른 고전정보들의 모임은 서로 직교하는 상태벡터들의 모임에 일대일로 대응시킬 수 있다. 예를 들면 고전비트 1과 0은 양자 스핀계의 상태벡터 $|1\rangle$과 $|-1\rangle$에 대응한다.

양자 테레포테이션의 설명을 준비하기 위하여 두 개의 $\frac{1}{2}$−스핀계들로 이루어진 합성계의 꼬인 상태에 대하여 좀 더 자세히 알아보자. 합성계의 4개의 상태벡터들

$$\phi^{\pm} = \frac{1}{\sqrt{2}}(|1\rangle \otimes |1\rangle \pm |\text{-}1\rangle \otimes |\text{-}1\rangle),$$

$$\psi^{\pm} = \frac{1}{\sqrt{2}}(|1\rangle \otimes |\text{-}1\rangle \pm |\text{-}1\rangle \otimes |1\rangle)$$

은 최대한으로 꼬인 상태벡터들로서 서로 직교하며 합성계에 대응하는 힐버트 공간의 기저(basis)를 이룬다. 위의 상태들을 "벨의 상태들" 또는 "EPR-쌍들"이라고 부른다.

양자 테레포테이션을 설명할 준비가 되었다. 애리스(A)와 봅(B)이 꼬인 상태 ϕ^+에 있는 두 개의 $\frac{1}{2}$-스핀 입자들을 하나씩 나누어 가진 후 봅은 우주여행을 하여 현재 토성의 위성인 타이탄(Titan)에 있다고 하자. 그리고 애리스와 봅 사이의 통신은 고전적인 통신만 가능하다고 하자. 하루는 친구인 찰리(C)가 애리스에게 찾아와 미지상태 ψ에 있는 $\frac{1}{2}$-스핀 입자 하나를 애리스에게 주면서 그 입자의 상태를 교란시키지 말고 그대로 봅에게 전달할 것을 부탁한다. 애리스는 찰리의 부탁을 받아줄 것인가 말 것인가를 망설이다가 봅과 나누어 갖고 있는 꼬인 상태 $\phi^+_{AB}(=\phi^+)$에 있는 입자들을 기억하고 찰리의 부탁을 들어주기로 한다.

애리스와 봅은 양자 테레포테이션을 다음 과정으로 수행한다. 애리스는 먼저 찰리가 준 입자의 양자상태 $\psi_C(=\psi)$와 ϕ^+_{AB}의 합성상태 $\psi_C \otimes \phi^+_{AB}$을 만든다.

참고. $\psi = a|1\rangle + b|\text{-}1\rangle$라고 놓고 계산을 하면 등식

$$\psi_C \otimes \phi^+_{AB} = \frac{1}{2}\phi^+_{CA} \otimes \psi_B + \frac{1}{2}\psi^+_{CA} \otimes \sigma_x \psi_B \qquad (14.1)$$

$$\frac{1}{2}\psi^-_{CA}\otimes(-i\sigma_y)\psi_B + \frac{1}{2}\phi^-_{CA}\otimes\sigma_z\psi_B$$

가 성립함을 보일 수 있다([32]의 식 (4.81)). 여기서 σ_x, σ_y 및 σ_z는 파울리의 행렬들이다.

그리고 애리스는 합성상태 $\psi_C\otimes\phi^+_{AB}$를 네 개의 벨의 벡터 $\phi^\pm_{CA}, \psi^\pm_{CA}$들 중에서 하나의 벡터로 투영시킨다(벨의 측정). (애리스가 수행한 벨의 측정으로 위의 식 (14.1)의 왼쪽에 있는 상태벡터는 식 오른쪽에 있는 4개의 벡터들 중 한 벡터로 변했다(양자도약)). 애리스는 그 투영결과의 2-비트 고전정보(ϕ^+_{CA}로의 투영은 00, ψ^+_{CA}로의 투영은 01, ψ^-_{CA}로의 투영은 10, 그리고 ϕ^-_{CA}로의 투영은 11)를 고전 채널을 통해 봅에게 보낸다. 봅은 애리스에게서 받은 정보에 따라서 자신이 갖고 있는 입자에 대하여 아래 작업들 중에서 한 가지를 수행한다.

00	→	아무 작업도 하지 않음
01	→	x-축으로 180° 회전
10	→	y-축으로 180° 회전
11	→	z-축으로 180° 회전

여기서 x-축으로 180°회전 등은 봅이 갖고 있는 입자의 입자 상태에 파울리 행렬 σ_x 등을 작용시키는 것을 의미하고, 등식 $\sigma_x^2 = 1$ 등이 성립함을 상기하자. 위의 작업으로 원래 애리스의 입자와 꼬인 상태에 있던 봅의 입자의 스핀 상태를 찰리의 입자의 스핀 상태 ψ와 완전히 같은 스핀 상태 $\psi_B(=\psi)$로 변환시킨다. 그리고 찰리의 입자의 원래 스핀 상태는 애리스의 벨의 측정으로 애리스의 입자와 함께 하나의 벨의 벡터로

변하였다. 성공적으로 테레포테이션이 이루어졌음을 알 수 있다. 실제로 미터 단위의 거리에서 양자 테레포테이션은 실험으로 확인할 수 있었다([30]의 참고논문).

몇 가지 지적을 필요로 하는 사항들이 있다. 양자 테레포테이션은 빛의 속도보다는 빠르지 않다. 봅이 애리스로부터 애리스의 측정결과를 고전 채널을 통하여 받은 후 테레포테이션이 이루어졌다. 그리고 양자 테레포테이션은 양자 불복제 정리와는 모순이 없다. 찰리 입자의 스핀 상태는 애리스가 수행한 벨의 측정에 의하여 애리스 입자의 스핀 상태와 합성이 되어 하나의 벨의 벡터가 되었음을 상기하자. 지금까지 가장 간단한 양자계인 양자 스핀계의 테레포테이션이 가능하다는 것에 대하여 살펴보았다. 그러나 양자 질점계와 같은 대부분의 양자계에 대응하는 힐버트 공간의 차원은 무한차원이다. 무한차원 힐버트 공간의 상태벡터를 손상이 없이 완전하게 테레포테이션을 하는 것은 매우 어려운 일일 것이다. 문제는 어느 정도의 허용범위 내에서 신뢰성 있게 테레포테이션이 가능 한가 하는 것이 될 것이다.

15. 비가역성(Irreversibility)과 시간의 방향(Arrow of time)

그러나 만약 당신의 이론이 열역학 제2법칙과 대치되는 것이 밝혀지면,
나는 당신에게 아무 희망도 줄 수 없다.
거기에는 깊은 절망으로 쓰러지는 것 밖에는 아무것도 없다.
– 아더 에딩턴 경(Sir Arthur Eddington) –

역학의 미분방정식 자체에는 열역학 제2법칙에 유사한 것이
아무것도 없기 때문에, 초기 조건에 대한 가정만이
후자를 역학적으로 설명할 수 있다.
– 루트비히 볼쯔만(Ludwig Boltzmann) –

시간은 이미 확정된 과거로부터 미지의 미래를 향하여 흘러가는 것 같다. 우리는 시간의 흐름을 어떻게 느낄 수 있는가? 만약 당신이 외부와 격리된 빈 독방에 오랫동안 혼자 앉아 있다고 하면 아마도 시간의 흐름을 느끼기가 좀 어려울 것이다. 우리는 자연의 비가역적 현상을 관찰하면서 시간의 흐름을 느낄 수 있다. 우리 주위에서 볼 수 있는 대부분의 거시적 현상은 시간의 흐름에 대하여 비가역적이다. 사람은 태어나서 성장하고 늙어서 죽으나, 그 반대의 진행은 일어나지 않는다. 뜨거운 물과 찬 물을 합치면 미적지근한 물이 되지만, 미적지근한 물은 뜨거운 물과 찬 물로 갈라지지 않는다. 탁자에서 떨어져 깨진 물잔은 원상태로 돌아

가지 않는다. 후에 좀 더 자세한 논의를 위하여 대표적인 예를 들어보자. 1리터 용기(상자)에 들어 있는 헬륨 원자들을 생각하자.

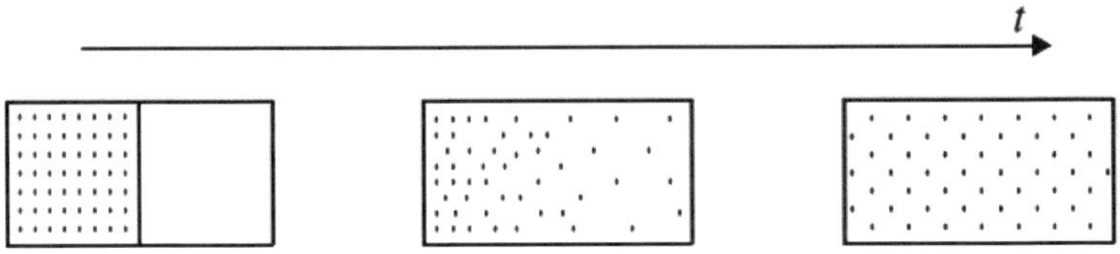

[그림 15.1] 비가역적 현상

초기에 피스톤의 압축으로 헬륨 기체는 상자 왼쪽 반에 몰려있다고 하자. 피스톤이 풀리면 가스는 상자 전체로 균일하게 퍼질 것이다. 퍼진 헬륨 가스가 다시 상자의 왼쪽 반으로 모이는 것은 기대되지 않는다.

물리계의 시간 진화가 가역적인가 또는 비가역적인가를 판단하는 실질적 방법 중에 하나는 계의 시간 진화를 테이프 필름으로 찍은 후에 테이프를 반대로 돌려서 영상을 볼 때, 계의 운동 진행이 자연스러우면 가역적이고, 부자연스러우면 비가역적이다. 시계추의 운동이나 당구공의 운동과 같이 간단한 계의 운동은 가역적이고, "많은 입자로 구성된 복잡계의 운동은 대부분 비가역적"임을 알 수 있을 것이다.

비가역성이 왜 문제가 되는가? 물리학에서 기본 운동 방정식들은 시간에 대하여 대칭이므로 가역적이다. 고전역학의 해밀턴 방정식에서 시간 t와 운동량 p(속도 v)의 부호를 동시에 바꾸어도 방정식은 변하지 않는다. 이 뜻은 고전 질점계를 초기 상태에서 시작해서 t시간 동안 시간 진화를 시킨 후 모든 질점들의 속도를 반대 방향으로 바꾸고 다시 t시간 동안 시간 진화를 시키면 각 질점의 속도가 거꾸로 된 초기 시간의 계로 되돌아간다는 것이다. 기본 법칙들이 가역적이라면, 거시계의 시간 진화에서 시간이 반대로 된 계의 시간 진화를 왜 볼 수 없을까?

자연의 비가역적 현상을 이해하는 것은 물리학으로나 철학적으로 중요한 문제이므로 오랫동안 많은 학자들에 의해 논의되어 왔다. 비가역성에 대한 해답은 19세기 후반 루트비히 볼쯔만(Ludwig Boltzmann, 1872)에 의하여 처음 제시되었다. 지금부터 볼츠만의 제안에 대하여 좀 더 상세히 살펴보기로 하자.

19세기 산업혁명은 사람들로 하여금 증기기관에 대하여 많은 관심을 갖게 하였고, 특히 열을 기계적인 일(work)로 변환시키는 것에 대하여 집중적으로 연구하게 되었다. 어떤 변환은 쉽게 일어나지만 어떤 변환은 일어나지 않는다는 사실이 알려졌다. 열역학적 변환은 "열역학 제2법칙"이라는 엄격한 법칙을 준수하여야만 한다. 열역학 제2법칙이란

"고립된 계의 모든 변환과정에서 엔트로피는 변하지 않거나 증가한다. 엔트로피 증가 과정은 비가역적이다."

라는 것이다. 열역학 제2법칙은 좀 신비스럽지만 만족스럽지 못하다. 엔트로피는 무엇이고 왜 감소하지 않는가? 이것이 볼쯔만이 해결하고자 한 문제였다. 볼쯔만의 처방은 "원자가설"과 "엘고딕(ergodic)가설"로 이루어졌다. "원자가설"이란 물리계는 당구공 모양의 원자라는 아주 작은 공으로 구성되었다는 것이다. 주의하여야 할 것은 19세기 말까지는 물질이 원자들로 구성되었다는 이론은 아직 확립되지 못하였으며, 원자의 모양이 완전한 공은 아니지만 근사적으로 공이라고 생각할 수 있다. "엘고딕가설"이란 동역학계의 상태를 나타내는 상공간의 점의 시간 진화에서 상공간의 점이 단위 시간에 주어진 상공간의 부분영역에 머무는 시간 비율

은 부분 영역의 부피에 비례한다는 것이다(부록 A.5 참조).

물리학에서 거시계(macroscopic system)는 계의 총 에너지 E, 부피 V, 계의 구성 입자의 수 n(또는 밀도 ρ) 등 계의 거시적 성질을 나타내는 거시상태(macroscopic state)와 계의 상공간에서 점으로 나타내는 구성 입자들의 위치와 운동량(속도)으로 주어지는 미시상태(microscopic state)로 설명된다.

외부와 완전히 고립된 1리터의 헬륨 기체의 고전 역학계를 생각하자. 에너지 보존법칙에 따라 전체 에너지 E가 주어지면 운동은 에너지 곡면

$$\Omega_E = \{(p,q) \in \Omega : H(p,q) = E\}$$

에 머무르게 된다. 에너지 E가 주어지면 온도 T가 결정된다. n개의 헬륨 원자들이 부피 V인 상자 안에 있을 때 대응하는 상공간, $\Omega_{E,V,n}$의 부피는 V^n에 비례하는 것을 계산할 수 있다. 따라서 헬륨 원자들이 상자의 왼쪽 반에 있을 상공간의 부피는 $(V/2)^n$에 비례하므로

$$\mathrm{Vol}\,(\Omega_{E,V,n}) \simeq 2^n \mathrm{Vol}\,(\Omega_{E,V/2,n})$$

이다. 상온에서 1리터 안에 있는 헬륨 원자의 수는 대략 $n = 10^{23}$이므로, 엘고딕 가설에 따르면, 헬륨 기체가 상자 전체에 퍼져 있는 시간은 상자 왼쪽 반에 머무는 시간보다 대략 2의 10승의 23승이나 길다. 헬륨 기체가 상자 왼쪽 반에 머무는 시간을 1초라고 하면, 상자 전체에 (균일하게) 퍼져 있는 시간은 우주의 나이보다 훨씬 길다.

볼쯔만은 고립된 물리계에 대하여 거시상태 (E, V, n 등)이 주어졌을 때 엔트로피를

$$S_B(E, V, n) = k \log(\mathrm{Vol}\,(\Omega_{E,V,n}))$$

으로 정의하였다. 여기서 k는 볼쯔만 상수이다. 볼쯔만은 위에 정의된 엔트로피를 사용하여 열역학 제2법칙을 설명하였다.

지금까지의 볼쯔만의 제안을 살펴보면, 비가역성의 요인은 "초기조건"과 "많은 자유도(입자 수)"를 갖는 계라는 것을 알 수 있다. 시계추의 운동과 같은 간단한 계의 운동은 어떤 초기 조건을 주더라도 가역적이지만, 1리터의 헬륨 가스는 특별한 초기 조건(기체가 상자 왼쪽 반에 있을 조건) 하에서 비가역 현상이 일어난다는 것을 알 수 있다.

열역학 제2법칙을 동역학적 측면에서 설명하자[29]. 관심 대상인 물리계가 특별한 상태에서 출발하였다고 하자. 예로서 헬륨 가스가 상자 왼쪽 반에서 출발하였다고 하자. 다음 순간 가스는 넓은 공간으로 퍼져나가 결국 상자 전체에 균일한 상태(열 평형상태)로 머무를 것이다. 계의 미시적 상태를 나타내는 상공간에서 어떤 일이 일어나는가? 가스를 구성하는 모든 원자의 위치와 운동량(속도)은 상공간에서 한 점으로 나타난다. 가스가 진화하면서 이 점은 상공간에서 돌아다닌다. 이 점은 아주 작은 영역에서 출발한다. 이 영역은 가스가 상자 왼쪽 반에 있을 가능한 초기 상태들의 모임이다. 가스가 퍼져나가면, 돌아다니는 상공간의 점은 상공간의 좀 더 큰 영역으로 들어간다. 이 영역은 가스가 퍼져나가는 것에 해당되는 영역이다. 결국 점은 열 평형상태에 해당하는 가장 큰 영역에 들어간다. 이 영역은 상공간의 거의 모든 공간을 차지하므로 한 번

평형상태 영역에 도착하면 그곳에 머무른다.

비가역성의 볼쯔만 해법에 대한 반대 의견은 많이 있어 왔고 반대의 대부분의 근거는 뽀앙까레(Poincarè)의 회귀정리(recurrence theorem), 엘고딕 가설과 철학적 배경에 근거를 두고 있다. 뽀앙까레의 회귀정리란 동역학에서 아무리 작은 영역이라도 주어진 영역에서 출발한 계의 운동(시간진화)은 운동의 궤적이 언젠가는 다시 주어진 영역으로 돌아온다는 것이다(부록 A.5). 되돌아오는 시간은 주어진 영역에 따라 달라진다. 따라서 돌아온 궤적은 또다시 돌아오고, 이것을 "영원한 회귀"라고 부른다. 회귀정리에 따르면 상자 왼쪽 반에서 출발한 헬륨 가스는 언젠가 다시 왼쪽 반으로 되돌아와야 한다. 이것이 제르멜로(Zermelo)를 비롯한 많은 학자들이 볼쯔만 해법에 반대한 이유이다. 볼쯔만의 대답은 다음과 같다. "당신이 아주 오래(우주의 나이보다 훨씬 길게) 산다면 헬륨 가스가 상자 왼쪽 반으로 다시 모이는 것을 볼 수 있을 것이다."

엘고딕 가설에 대한 반대는 현실적으로 주어진 고전 역학계가 엘고딕성을 갖는다는 것을 기대하기가 힘들다는 것이다. 그러나 거시계의 구성입자의 수가 커지면 동력학계는 근사적으로 엘고딕성을 갖는다고 볼 수 있다는 의견과, 또 비가역성을 설명하기 위해서 엘고딕성이 반드시 필요하지는 않다는 주장도 있다. 그리고 여러 가지 철학적 측면에서 반대하는 학자들이 있어 왔으나 설명을 생략하겠다.

루트비히 볼쯔만(Ludwig Boltzmann, 1844-1906)은 1906년 9월 5일 62세의 나이로 자살함으로써 외롭게 세상을 떠났다. 그의 연구결과에 대하여 동료 교수였던 에른스트 마하(Ernst Mach, 1838-1916)를 포함하여 당시 많은 학자들이 격렬하게 반론을 제기하였고, 그래서 볼쯔만은 스스로 실패한 인생이라고 생각하였을는지 모른다. 실증주의(positivism)의 영향을 많이 받은 당시 학계로서는 검증할 수 없는 원자가설과 개념이 모호한 엘고딕 가설을 쉽게 받아들이지 못하였을 것이다. 루웰 교수가 말하였듯이[34], "분명히 그는 너무 일찍 옳았다(Obviously, he was right too early)." 볼쯔만의 묘소는 빈(근교)에 있고 묘비 머리에 그의 유명한 엔트로피 방정식 $S = k \log W$가 새겨져 있다.

16. 엔트로피(Entropy)

성스러운 엔트로피여! 그것이 끓고 있다!
– 조지 가모(George Gamow) –
종이가방안의 톰킨씨

"엔트로피는 증가한다" ;
그래요, 그런데 어떤 엔트로피?
– 브릭몽(J. Bricmont) –

크라우지우스(Clausius, 1854)가 열역학 제2법칙을 기술하기 위하여 엔트로피(entropy)라는 개념을 도입한 후, 엔트로피는 사람들로 하여금 신비로움을 느끼게 한다. 엔트로피의 뜻은 고대 그리스어로 변환의 내용(transformation content)이라고 한다. 그 후 엔트로피의 개념은 볼쯔만(1872)과 깁스(Gibbs, 1901)에 의하여 통계역학에서 정량적으로 정의되었으며, 폰 노이만(1932)이 양자역학에, 섀넌(Shannon, 1948)이 정보과학에 도입하였다. 그 후 고전 동역학계 등 수학과 물리학의 여러 연구 분야에 관련된 엔트로피들이 정의되었고 매우 유용한 양으로 사용되고 있다. 즉 과학자들은 그동안 여러 가지 경우에 따라서, 또 설명하고자 하는 대상에 따라서 그것에 적합한 엔트로피를 도입하였다. 여러 가지 엔트로피들의 공통점은

"엔트로피는 계의 무작위성 또는 무질서를 측정하는 양이다"

라는 것이다. 그리고 엔트로피들의 공통적인 특성은 두 성분계로 구성된 합성계에 대하여, 만약 두 성분 계들 사이에 상호작용이 없다면, 합성계의 엔트로피는 각 성분계의 엔트로피의 합과 같다는 "합성(더하는 성질)"이다. 이러한 이유로 (대부분의) 엔트로피들의 정의에는 로그함수가 포함되어 있다.

다른 것들과 비교해서 상대적으로 설명하기 쉽고 이해하기 쉬운 것은 섀넌(1948)의 정보 이론적 엔트로피라고 할 수 있다[36]. 기록에 따르면 폰 노이만이 섀넌에게 엔트로피라는 단어를 쓰기를 제안하면서 "당신은 토론에서 유리해질 것이다. 왜냐하면 아무도 그 단어의 뜻을 모를 테니까"라고 말하였다고 한다. 실제로는 섀넌이 폰 노이만에게 보여준 표현이 엔트로피라는 것을 폰 노이만은 이미 알았을 것이다. 왜냐하면 섀넌의 엔트로피의 형태는 깁스의 통계역학적 엔트로피(그리고 폰 노이만의 양자역학적 엔트로피)와 모양이 같다.

섀넌의 엔트로피: 유한 확률공간 $(\{x_1, x_2, \cdots, x_k\},\ \{p_1, p_2,\ \cdots, p_k\}))$를 생각하자. 여기서 각 x_i, $i=1,2,\cdots,k$,는 유한 알파벳의 집합 $\Omega=\{x_1, x_2, \cdots, x_k\}$의 원소이고, 각 $p_i = P(x_i)$, $i=1,2,\cdots,k$,는 x_i가 나타날 확률이라고 생각하자. 확률 분포 $\{p_1, p_2, \cdots, p_k\}$에 대한 섀넌의 정보 이론적 엔트로피는

$$H(p_1, p_2, \cdots, p_k) = -\sum_{i=1}^{k} p_i \log p_i$$

로 정의된다. 여기서 $0\log 0 = 0$이라 정의되고 log는 자연로그이다. 정

보과학에서 log는 2를 밑으로 하는 로그함수를 쓰고 있다.

섀넌의 엔트로피의 의미를 간단히 살펴보자. N개의 알파벳 글자로 이루어진 메시지(정보)는 k-알파벳 $\Omega = \{x_1, x_2, \cdots, x_k\}$ 으로 이루어진 글자들의 줄이다. 메시지에 있는 글자들은 통계적으로 독립이라고 가정하고 각 x_i, $i = 1, 2, \cdots, k$,가 나타날 확률이 p_i라고 하자. N개의 알파벳 글자들로 된 메시지들 중에서 x_1을 $p_1 N$개, x_2를 $p_2 N$개,$\cdots$, x_k를 $p_k N$개를 가지고 있는 메시지를 "대표적인 메시지"라고 하면 대표적 메시지들의 총 수는

$$\frac{N!}{(P_1N)!\,(P_2N)!\cdots(P_kN)!} \simeq e^{NH(p_1,\, p_2,\, \cdots,\, p_k)}$$

$$= k^{NH(p_1, p_2, \cdots, p_k)/\log k} \qquad (16.1)$$

가 된다. 여기서 우측을 유도하기 위하여 스털링의 공식 $\log(n!) = n\log n - n + O(\log n)$을 사용하였다. N개의 글자들로 된 메시지들의 총 수는 k^N임을 유념하자. 따라서 대표적인 메시지만을 전송하려면 메시지의 길이가 N이 필요한 것이 아니라 $NH(p_1, p_2, \cdots, p_k)/\log k$의 길이로 정보를 보낼 수 있을 것이다.

섀넌의 엔트로피를 좀 더 구체적으로 살펴보자. 만약 모든 $i = 1, 2, \cdots, k$,에 대하여 $p_i = \dfrac{1}{k}$이면 $H(\dfrac{1}{k}, \dfrac{1}{k}, \cdots, \dfrac{1}{k}) = \log k$이고, 특정한 $p_i = 1$이고 나머지 $p_j = 0$, $j \neq i$,이면 $H(0, \cdots, 0, 1, 0, \cdots, 0) = 0$이다. 일반적으로 부등식

$$0 \le H(p_1, p_2, \cdots, p_k) \le \log k$$

가 성립한다. 각 알파벳이 나타날 확률이 균일하면 그 알파벳은 최대의 정보를 담을 수 있다. $k=2$ 경우의 섀넌의 엔트로피의 값은 22장의 그림 22.1에 주어졌다. 정보과학에서는 Ω={0,1}이고 따라서 k=2이므로 메시지의 총 수는 2^N이고 ($\log 2 = 1$이므로)대표적 메시지의 총 수는 $2^{NH(p,1-p)}$이다. 따라서 섀넌의 엔트로피는 글자(비트) 하나당 "정보의 내용"을 의미한다. 섀넌의 엔트로피의 의미에 대하여 22장에서 좀 더 자세히 설명할 것이다.

볼쯔만의 엔트로피: 볼쯔만의 엔트로피에 대하여는 앞장에서 간단히 설명한 바 있다. 독자들의 편리를 위하여 다시 한번 설명하자. 취급하는 물리계의 거시 상태를 나타내는 거시 변수들을 생각하자. 거시 변수에는 계의 총 에너지 E (또는 온도 T), 용기의 부피 V, 그리고 계의 구성 입자의 수 n(또는 밀도 ρ) 등을 들 수 있다. 거시 변수들의 값 E, V, n이 주어졌을 때 상공간에서 대응되는 부분 영역 $\Omega_{E,V,n}$을 생각하자. 여기서 $\Omega_{E,V,n}$은 거시 변수들의 값 E, V, n을 주는 미시 상태들의 집합이다. 볼쯔만의 엔트로피는

$$S_B(E, V, n) = k \log [\mathrm{Vol}\,(\Omega_{E,V,n})]$$

으로 정의된다. 여기서 k는 볼쯔만 상수, $\mathrm{Vol}\,(\Omega_{E,V,n})$은 $\Omega_{E,V,n}$의 부피이다.

볼쯔만에 따르면 열역학 제2법칙이란 두 쌍의 거시 변수들의 값, 예로서 (E, V_1, n)과 (E, V_2, n)이 주어졌을 때 열역학적 변환은 대응하는 상공간에서 부피가 작은 영역에서 큰 영역으로 이동하는 것을 말한다.

깁스의 엔트로피: 확률분포를 갖는 확률공간 $(X, \mathbb{F}, \rho(x)dx)$를 생각하자. 여기서 $\mathbb{F}$는 측도 가능한 부분집합들로 된 σ-대수이다. 깁스의 엔트로피는

$$S_G(\rho) = -\int_X \rho(x) \log \rho(x) dx$$

로 정의된다[13]. 깁스는 주어진 제한조건(constrain condition)을 만족시키면서 엔트로피를 극대화시키는 확률분포 ρ를 평형상태(equilibrium state)라고 하였다. 이것을 깁스의 "극대 엔트로피 원리(maximum entropy principle)"라고 한다.

n개의 입자들로 구성된 고전 역학계를 생각하자. $H(p, q)$를 에너지 함수인 해밀토니안이라고 하고 에너지의 기대치 $\mathbb{E}$가 주어졌다고 하자. 주어진 $\mathbb{E}$에 대하여 엔트로피를 극대화시키는 확률분포 ρ는 라그랑즈의 승수(multiplier)를 사용하는 제한된 변분법을 사용하여 구할 수 있다. 해답은

$$\rho_{\text{eq}}(p, q) = \frac{1}{Z} e^{-\beta H(p,q)}$$

이다. 여기서 Z는 오른쪽 항의 적분 값이 1이 되도록 하는 정규인자이고, "분할 함수(partition function)"라고 부른다. 그리고 β는 $1/kT$이다. 위의 확률분포를 갖는 측도를 깁스의 평형 측도 또는 "정준 앙상블(canonical ensemble)"이라고 부른다.

폰 노이만 엔트로피: 폰 노이만(1927, 1932)은 깁스의 엔트로피를 양

자역학계로 확장시켰다[42]. 양자 역학에서 양자계의 일반적인 상태는 밀도행렬 또는 밀도 작용소라고 하는 작용소 ρ로 주어진다. ρ는 $\rho \geq 0$이며 $\mathrm{Tr}\,(\rho) = 1$인 조건을 만족시킨다. 그리고 ρ에 대한 관측 가능한 것 A의 기댓값은

$$< A >_{\rho} = Tr(A\rho)$$

로 주어진다. 여기서 작용소 A에 대한 $Tr(A)$는 A의 대각 합이다(부록 A.2.4 참조). 밀도 작용소 ρ에 대하여 폰 노이만 엔트로피는

$$S_{\mathrm{v.N}}(\rho) = -\mathrm{Tr}\,(\rho \log \rho)$$

로 정의된다. 폰 노이만 엔트로피는 양자론에서 중요한 역할을 한다.

볼쯔만의 엔트로피로 되돌아가자. 인간은 어떻게 생명을 유지할까? 열역학 제2법칙에 따르면 모든 생물은 짧은 시간에 평형상태, 생명체를 이루고 있는 원소들이 골고루 흐트러진 상태로 변환할 것이다. 슈뢰딩거(1967)를 비롯하여 여러 사람이 이야기하였듯이 아마도 지구는 태양으로부터 에너지(열)를 받는 것이 아니라 엔트로피를 낮게 할 것이다[29]. 지구는 태양으로부터 가시광선과 같은 높은 진동수를 갖는 적은 수의 광자들을 받아 적외선과 같은 낮은 진동수를 갖는 많은 수의 광자들을 우주로 내보냄으로써 지구의 총 에너지는 보존되지만 엔트로피는 작아진다. 푸른 식물은 엔트로피가 낮은 태양 빛을 받아 광합성 작용을 통해 이산화탄소의 탄소와 산소를 분리시킨다. 인간은 식물이나 고기(중간 단계)를 먹어서 엔트로피를 낮추고 산소와 탄소를 다시 결합시켜 에너지를 얻는다. 얻은 에너지는 열을 통하여 외부로 방출한다. 에너지는 보존되고 우

리 몸의 총 에너지는 거의 변하지 않으므로 우리가 음식을 통하여 얻는 것은 낮은 엔트로피일 것이다. 우리가 음식을 먹지 않으면 열역학 제2법칙에 따라서 엔트로피는 계속 증가할 것이다. 우리가 살기 위해서는 음식을 통하여 계속 엔트로피를 낮추어야 한다는 것이다.

17. 평형 통계역학 (Equilibrium Statistical Mechanics)

만약 복잡한 (물리)계 위에 하나의 간단한 포괄적 제한조건을 부과하면, 그 조건을 만족시키는 (미시상태들의)배열들은 그 배열들을 유일하게 특징 지우는 확률적 특색의 집단을 형성한다.
– 데이비드 루웰(David Ruelle) –
우연과 혼돈

1970년대 말 일본 교토대학교 수리과학 연구소(RIMS)의 세계적인 수학자(수리물리학자)인 후지히로 아라키(Huzihiro Araki) 교수가 처음으로 한국을 방문하여 내가 재직하였던 대학교에서 강연을 한 적이 있었다. 강연 후 저녁식사를 함께 하면서 여러 가지 대화를 나누다가 아라키 교수에게 한국인과 일본인을 구별할 수 있는가를 가볍게 물어 보았다. 나의 질문은 좀 막연하고 모호하였지만 아라키 교수는 항상 정확한 사람이라 그의 대답은 다음과 같았다. 광장에 서 있는 한두 사람의 한국인이거나 일본인을 보고 국적을 알기는 매우 힘들 것이다. 그러나 수십 명이거나 혹은 수백 명이 있으면 거의 구별이 가능할 것이다. 우문에 대한 현답이랄까? 유럽을 여행하면서 가끔 동양인들의 관광객을 만날 때가 있다. 길을 걸어가는 한두 명을 보면 국적을 알기는 어렵지만 20명이나 30명 정도의 동양인들의 관광객 집단을 보면 거의 확실하게 그들의 국적을 알 수 있다. 그 이유는 서로 다른 역사와 문화, 사회규범 그리고 기후

등으로 인하여 각 나라마다 국민들의 특성이 약간씩 차이가 생길 수 있다는 것이다. 그 차이는 집단의 사람들의 수가 적으면 잘 나타나지 않지만 수가 증가하면 점점 뚜렷하게 나타난다. 한 집단의 구성인의 수가 증가하거나 또는 게임의 횟수가 많아지면 우리가 집단이나 게임의 특성을 거의 정확하게 예측을 할 수 있는 것은 (의식적으로나 또는 무의식적으로) 확률론 또는 통계적인 방법을 사용하였기 때문이다.

20세기 1/4 분기에 물리분야에서 상대론과 양자론이라는 요란하고 화려한 과학혁명이 있었다는 것은 잘 알려져 있다. 그러나 1860년대부터 1900년대 초까지 볼쯔만과 미국학자 요시아 깁스(Josiah Gibbs)에 의하여 창조된 새로운 과학인 통계역학의 등장이라고 하는 또 하나의 과학혁명이 조용히 진행되었다는 사실은 잘 알려져 있지 못하다. 상대론과 양자론은 기존의 물리이론(뉴턴의 고전역학)을 무너트리고 그것을 대치하였지만 볼쯔만과 깁스는 기존의 물리이론에 새로운 개념들을 도입하고 그들 사이에 새로운 관계들을 설정함으로써 통계역학을 탄생시켰다. 볼쯔만과 깁스 이후 통계역학은 관련된 수학분야(확률론 등)와 물리학분야(양자역학 등)가 발전하면서 모호하였던 개념들이 좀 더 명확하게 되었고 새로운 연구방법이 개발되면서 통계역학은 고도로 세련된 물리이론으로 발전하여 왔다. 현재 통계역학의 중요성은 상대론이나 양자론에 못하지 않으며, 통계역학적인 방법은 물리학뿐만 아니라 다양한 분야에서 사용되고 있다.

통계역학은 많은 숫자의 간단한 원소들로 구성된 전체 물질계에 대한 역학이다. 여기서 간단한 원소는 가스 속의 분자, 결정체의 원자, 레이저 빔의 광자 또는 한 사회집단의 구성원 등이 될 수 있다. 통계역학의 목적은 전체 물질계의 관찰 가능한 또는 거시적(macroscopic) 성질들을 물질계를 구성하고 있는 원소들의 행동을 지배하는 법칙들로부터 유도하는 데 있다. 앞장에서 이미 설명한 것과 갖이 거시계의 성질들은 계의 부피 *V*, 총 에너지 *E*, 구성원소의 수 *N*, 온도 *T* 등과 같은 거시변수들(열역학 변수들)과 또는 이들의 함수로 설명된다. 문제는 거시계를 구성하고 있는 원소(분자)들의 수가 많다는 것이다. 상온에서 1리터의 공기에는 10의 23승개의 분자들이 있다. 따라서 거시계의 미시적 상태의 시간 진화를 알기 위하여 뉴턴 방정식(또는 쉬레딩거 방정식)을 푸는 것은 이상기체(ideal gas)를 제외하고는 거의 불가능하고 만약 가능하다고 하더라도 그 많은 미시적 정보들로부터 의미가 있는 거시적 정보를 유도한다는 것은 기대하기 힘들 것이다. 이러한 이유로 확률론(통계학)적 개념들이 도입되고 이와 관련된 확률분포 등을 생각하게 된 것은 지극히 자연스러운 일이다.

평형 통계역학을 설명하기 전에 비평형 통계역학에 대한 볼쯔만의 업적을 간략하게 언급하고자 한다. 볼쯔만(1872)은 비평형 상태에 있는 통계역학계가 시간진행에 따라서 어떻게 평형 상태로 접근하는가를 이해하기 위하여 *N* 개의 원자(분자)들로 구성된 부피가 *V* 인 휘석기체를 생각하였다. 원자는 당구공과 같은 딱딱한 공이며, 원자와 원자사이의 평균거리는 원자의 반경보다 아주 길다고 가정하였다(휘석가스). 원자들 사이의 충돌은 탄성충돌이라고 하자. 볼쯔만은 역학적인 가정으로 원자들 사이의 충돌은 2중 충돌만 고려하였고, 통계학적인 가정으로서 소위 말하는 "분자혼돈(molecular chaos)"을 선택하였다. 이와 같은 가정들 아래서 그는 원자의 분포함수가 만족시켜야 하는 미적분 방정식인 "볼쯔만 방정식(Boltzmann equation)" 또는 볼쯔만의 "운동 방정식(kinetic equation)"이라고 불리는 유명한 방정식을 유도하였다[40]. 볼쯔만은 그의 방정식을 이용하여 매우 중요한 결과인 보쯔만의 "H-정리"와 균일기체의 평형상태로서 "막스웰-볼쯔만 분포"를 유도하였다[40].

통계역학계의 평형상태에 대하여 생각해 보기로 하자. 설명을 좀 더 쉽게 하기 위하여 지금부터는 7장과 15장에서 고려하였던 동일한 질점(입자)들로 이루어진 고전 질점계를 생각하자. 3차원 공간에서 N개의 질점들로 이루어진 고전 질점계의 미세상태(동역학적 상태)는 $6N$차원 상공간 Ω의 한 점 $x=(p,q)$로 나타내고 미세상태의 시간진화는 해밀턴 운동방정식(뉴턴 방정식)에 따라 진화한다. 질점계의 거시상태는 거시변수(열역학 변수)들의 값들로 주어진다. 계의 한 거시상태에 대하여 이에 대응하는 미세상태들의 모임은 상공간의 한 부분영역(부분집합)을 이룬다. 깁스는 한 거시상태에 대하여 계들의 한 앙상블(모둠) $\{A^{(1)}, A^{(2)}, \cdots, A^{(m)}$을 생각 하였다[13]. 여기서 앙상블의 각 계의 거시상태는 같으나 미세상태는 서로 다를 수 있다. 한 앙상블을 구성하고 있는 계들의 미세상태들을 한 상공간에 있는 m개의 점(검은 점)들로 나타내면 상공간에 먼지가 흐트러져 있는 것과 같을 것이다. 정규화시키면서 계들의 수 m을 증가시키면 먼지(미세상태들)의 "밀도함수"또는 "확률분포(probability distribution)" $\rho(p,q)$를 얻을 수 있을 것이다. 확률분포는 조건

$$
\begin{aligned}
&(1)\ \ \rho(p,q) \geq 0,\\
&(2)\ \ \int_{\Omega} \rho(p,q)\,dpdq = 1
\end{aligned}
$$

을 만족시키는 (초)함수이다. A를 상공간 Ω의 부분영역이라고 하면

$$\int_{A} \rho(p,q)\,dpdq = \text{질점계의 미세상태가 } A \text{ 안에 있을 확률}$$

을 의미한다. 이러한 의미에서 깁스의 한 앙상블은 상공간에서 한 확률 분포에 대응된다.

그러면 고전 질점계의 평형상태를 나타내는 확률분포는 무엇인가? 평형상태에 대응하는 확률분포는 우선 계의 시간진화에 대하여 불변측도를 주는 확률분포여야 할 것이다(부록 A.5). 리우빌(Liouville)의 정리와 에너지 보전법칙에 따르면 임의의 적분 가능한 양함수 F에 대하여 확률분포

$$\rho(p,q) = \frac{1}{Z}F(H(p,q))$$

는 불변측도를 준다. 여기서 Z는 $F(Hp,q))$ 의 적분한 값으로서 정규인자이고, $H(p,q)$는 에너지 함수인 해밀토니안(Hamiltonian)이다(부록 A.1).

깁스는 불변측도를 주는 확률분포들 중에서 특별한 확률분포가 평형확률분포가 된다고 제안하였다. 깁스의 제안은 다음과 같다:

공준 1 (깁스의 소정준 앙상블(microcanonical ensemble): 고립된 역학계의 거시상태의 평형분포는 에너지 곡면위에서 균일분포이다.

즉 거시상태 (E,V,N)이 주어졌을 때 평형분포는 상공간의 에너지 곡면 S_E 위에서 균일한 분포라는 것이다. 위의 공준에 대한 타당성은 엘고딕 가설로 어느 정도 정확하게 설명할 수 있으나 엘고딕 가설에 대하여 이미 15장에서 논의하였으므로 설명을 생략하겠다.

보통 물리계는 격리되어 있지 않고 평형상태에 있는 외부환경과 접촉

을 하면서 외부환경의 온도와 같은 온도를 유지하면서 평형상태에 있게 된다. 온도를 T라 하고 $\beta=\dfrac{1}{kT}$라고 하자. 역학계의 거시상태를 (V, N, β)라고 하자.

공준 2 (깁스의 정준 앙상블(canonical ensemble): 역학계의 평형분포는

$$\rho(p,q)=\frac{1}{Z(V,N,\beta)}e^{-\beta H(p,q)}$$

이다. 여기서 $H(p,q)$는 계의 해밀토니안이고, $Z(V,N,\beta)$는 위의 오른쪽 항을 확률분포가 되도록 하는 정규인자로서 "분배함수(partition function)"라고 부른다.

깁스의 정준 확률분포는 고려하고 있는 역학계(S)와 외부환경(R) 전체를 고립계로 보고 깁스의 소정준 분포에서 적당한 가정 아래 외부환경의 영향의 평균값을 택하면 유도될 수 있다[40]. 그리고 이미 16장에서 정준분포는 깁스 엔트로피를 극대화시키는 확률분포라는 것을 설명하였다. 그러나 정확한 의미에서 공준 2는 하나의 공리이다.

소정준 분포는 E, V, N이 고정된(고립된) 역학계에 적용되고, 정준분포는 V, N이 고정되고(β는 매개변수) 에너지 E가 변할 수 있는 역학계에 적용됨을 상기하자. 다음에 자연스럽게 생각할 수 있는 경우는 계의 부피 V는 고정되고(또 하나의 매개변수로 활성도 z도입) N과 E가 변할 수 있는 역학계이다. 이러한 역학계에 적용되는 확률분포로 깁스의 "대정준 앙상블(grand canonical ensemble)"이 있다. 대정준 분포를 설명하려면 복잡한 수식들이 도입되어야 하므로 이에 대한 설명은 생략한

다. 다만 지적하고 싶은 것은 사용하기가 편리한 것은 대정준 앙상블이고, 다음은 정준 앙상블, 그리고 다루기가 가장 힘든 것이 소정준 앙상블이다. 제한조건(고정된 것)이 많을수록 다루기가 어려워진다는 것을 예상할 수 있을 것이다.

평형 통계역학의 중요한 목적 중에 하나는 깁스의 평형 앙상블(특히 분배함수)을 사용하여 헤름홀쯔(Helmholtz) 자유에너지와 같은 열역학 함수를 정의하고 이로부터 압력, 엔트로피 등을 유도한 후 이들 사이에 열역학 관계들이 성립함을 보이는 것이다. 문제가 되는 것은 유계영역(부피 V가 유한)에 있는 통계역학계는 유계영역의 표면효과(surface effect)로 인하여 열역학 관계들이 정확하게 성립하지는 않을 뿐만 아니라 어느 깁스의 앙상블을 사용하느냐에 따라서 열역학적 양들 사이에 차이가 생긴다는 것이다. 그래서 예를 들어 압력 $P(V,N)$ 대신에 압력밀도 $p(V,N)=\dfrac{P(V,N)}{V}$의 (합당한 제한조건 아래서) 무한체적 극한($V\to\infty$)을 구하는 것이다. 이 극한을 "무한체적 극한(infinite volume limit)" 또는 "열역학적 극한(thermodynamic limit)"이라고 한다. 고전 통계역학계의 질점(입자)들 사이의 작용이 적당한 조건(초안정성)을 만족시키면 각 깁스 앙상블에 의하여 정의된 열역학 양들의 열역학적 극한이 존재하고 같은 열역학을 설명한다는 것이 알려졌다[35, 40]. 이러한 의미에서 3개의 깁스의 앙상블들은 동등하다고 할 수 있다.

통계역학이 중요한 또 하나의 이유는 상전이 현상을 이해하는 방법으로 통계역학이 사용된다는 것이다. 상전이 현상에 대하여 다음 장에서 살펴보기로 하자. 그리고 양자 통계역학은 우리가 다룰 수 있는 범위 밖에 있는 것 같아 이에 대한 설명은 생략한다.

깁스(Josiah Willard Gibbs, 1839-1903)에 대하여 미국인들이 자부심을 가질 만하다. 깁스가 활동하였던 19세기 후반과 1900년도 초까지는 미국은 유럽에 비교해서 학문적으로 변방에 속해 있었다. 깁스는 수학과 물리학을 연수할 목적으로 3년(1966-1969) 동안 유럽을 방문한 것을 제외하면 일생동안 예일 대학교가 있는 뉴하벤(New Haven)을 거의 떠나본 적이 없다고 한다. 1871년부터 예일 대학교 수리물리학 교수로 봉급 없이 근무하였고 겨우 1880년 이후부터 봉급을 받았다고 한다. 기하학 방법을 열역학에 도입한 그의 연구업적으로 위대한 과학자라는 명성을 유럽학계로부터 얻었고, 특히 1877년과 1878년 코네티커트 학술원 학술지에 두 편의 긴 논문으로 발표한 "비 균질 물질의 평형에 관하여(On the Equilibrium of Heterogeneous Substances)"는 열역학의 프린키피아(Principia of Thermodynamics)로 불려졌다. 1890년대 그의 관심은 열역학을 보다 근본적인 고전역학(그리고 확률론)으로부터 어떻게 유도할 수 있느냐 하는데 있었고, 이와 관련된 막스웰과 볼쯔만의 연구결과들도 잘 알고 있었으리라고 생각된다. 평형 통계역학을 탄생시킨 그의 책 『평형 통계역학의 근본원리』[13]는 그가 타계하기 일 년 전(1902)에야 겨우 출판되었다.

18. 상전이 현상(Phase Transition Phenomena)과 대칭파괴 (Symmetry Breaking)

수학적으로, 문제는 통계역학적 앙상블로부터
상전이의 존재성과 전이점 근방에서 열역학 양들의 행동을
설명하거나 또는 유도하여야 한다는 것이다.
– 코린 톰슨(Colin J. Thompson) –

물의 온도를 상온에서 서서히 0℃ 이하로 내리면 물이 서서히 굳어가면서 점점 강도가 높아져 얼음으로 변하는 것이 아니라 0℃에서 물이 얼음으로 갑자기 변하는 것을 알 수 있다. 이와 같이 거시계의 거시매개변수(온도, 밀도, 활성도 등)를 변화시키면 임계점(critical point)이라고 불리는 매개변수의 특정한 값에서 거시계의 상태가 갑자기(불연속적으로) 변하는 것을 상전이(phase transition)이라고 한다. 상전이 현상으로는 온도(또는 기압)의 변화에 따른 물의 상태변화, 초전도 현상, 보즈-아인슈타인 응집 등이 있다. 자연에서 관찰할 수 있는 이러한 상전이 현상들을 물리 또는 수학적으로 어떻게 설명할 수 있을까?

상전이 현상을 설명하기 위하여 대표적으로 거론되는 것이 강자성

(ferromagnetism)이다[30]. 자석의 성질을 갖고 있는 철로 된 공을 생각하자. 공은 철의 원자들로 되어 있고 각 원자를 (원자핵을 회전하는 전자들 운동으로)작은 자석으로 생각할 수 있다. 일반적으로 작은 자석(원자)들 사이의 상호작용 때문에 작은 자석은 근방의 자석들의 방향과 같은 방향으로 정렬하는 경향이 있다. 그러나 공의 온도가 임계온도인 770℃보다 높으면 구성 원자들이 열적 동요로 인하여 원자들의 자석방향들은 무작위로 흐트러져서 공은 자석성질(강자성)을 잃게 된다. 이 경우 공을 회전시켜도 공의 거시상태는 변함이 없다. 이때 공의 상태는 회전대칭(SO(3)-대칭)을 갖는다고 한다. 공의 온도를 임계온도 770℃ 아래로 내리면 공에 무슨 일이 일어날까? 차가운 환경 때문에 공의 원자들은 에너지가 작은 안정 상태, 즉 원자들의 작은 자석들이 한 방향으로 정렬한 상태로 변하여 강자성을 갖게 된다. 3차원 공간의 임의의 방향이 공의 자석 방향이 될 수 있으므로 공의 자석 상태들은 겹쳐졌다(degenerated)고 한다. 그리고 공의 자석 방향은 공의 회전으로 변하므로 SO(3)-대칭의 파괴가 일어났다라고 한다. 자석 방향을 선택할 수 있는 한 가지 방법은 외부에서 특정 방향으로 공에다 자장을 건 후 천천히 자장을 끄면 공의 자석 방향은 특정한 방향이 될 것이다.

위의 강자성에 대한 설명은 어디까지나 합리적이라고 생각되는 발견적 논거(heuristic argument)로서 엄밀한 결과는 아니다. 강자성에 대하여 수학적으로 엄밀하게 설명을 하려면 강자성체에 대한 합리적(근사적)인 수학적 모델(모형)을 만들고, 통계역학적 방법(깁스의 정준 또는 대 정준 앙상블)을 사용하여 유계영역에서 (스핀 또는 입자들의) 상관함수들(correlation functions)을 정의한 후에, 상관 함수들의 무한부피 극한(열역학적 극한)의 존재성을 증명하고, 계의 질서(order)를 설명하는 무한부피극한 상관함수가 (낮은 온도에서) 장거리 질서(long range order)를 갖고 있다는 것을 밝혀야 한다. 대단히 어려운 과정을 거쳐야 한다. 그러면 상전이의 존재와 이와 관련된 대칭파괴를 수학적으로 밝힐 수 있는가하는 질문인데 이에 대한 대답은 가능한 수학적 모델들이 있다는 것이다. 강자성을 설명하기 위한 수학적 모델로서는 이징(Ising) 모델과 하이젠베르크 스핀계 등이 있다. 특히 3차원 이상의 격자공간에서 고전 하이젠베르크 스핀계에서 상전이와 연속대칭의 파괴로 자발적 자기화(spontaneous magnetization)가 발생한다는 것이 밝혀졌다[37]. 상전이 현상에 대한 수학적 결과들을 다음 파라그래프에서 간략하게 정리하려고 한다. 상전이 현상과 관련하여 자연스럽게 떠오르는 질문은 실재의 물리계(1리터의 물)는 유계영역에서 존재하는데 물리계의 상전이 현상을 이해하기 위하여 왜 무한부피 극한으로 가야 하느냐는 것이다. 첫 번째 이유는 유계영역에 있는 통계역학계의 열역학 양들은 매개변수에 연속(미분가능 한)함수들이므로 엄밀한 의미에서는 상전이가 일어나지 않는다. 두 번째 이유는 거시계는 무한부피를 갖는 통계역학계로 근사적으로 설명할 수 있다는 것이다.

상전이와 이와 관련된 대칭파괴에 대한 결과들을 개략적으로 검토하여 보는 것도 의미가 있을 것이다. 결과들을 종합하면 다음과 같다([37, 40]과 이에 포함되어 있는 문헌들).

(1) 격자공간에서 이징 모델, 고전 하이젠베르크 스핀계, 고전 및 양자 무계 스핀계 등을 포함하여 많은 고전 및 양자 격자계에서 상전이와 대칭파괴가 일어난다는 것이 확인되었다. 이산(discete) 대칭은 2차원 이상에서, 연속 대칭은 3차원 이상에서 파괴된다.

(2) 3차원 연속 공간에서 보존 입자들로 이루어진 이상기체에서 보즈-아인슈타인 응축이 생긴다. 이때 대역 게이지의 파괴가 일어난다.

(3) 2차원 또는 3차원 시공간에서 자기작용(self-interacting)을 하는 보존 양자 장 모델에서 상전이와 이와 관련된 대칭파괴가 일어난다. 연속 대칭의 파괴는 3차원에서 생긴다.

그러나 깁스가 사망한지도 백 년 이상이 지나갔는데 아직까지 해결하지 못한 문제는 연속 공간에서 질점(입자)들 사이에 상호작용을 하는 고전 및 양자 질점계에 대하여 상전이의 존재유무를 증명하는데 성공하지 못하였다는 것이다. 궁극적으로는 물질계로 상전이 현상을 설명할 수 있어야 한다고 생각된다. 물질계라는 것은 음전하(-e)의 페르미 입자들과 양전하(Ze)의 보즈(또는 페르미) 입자들 사이에 쿨롱(Coulomb)작용을 하는 양자 통계역학계를 말한다.

자발적 대칭파괴와 관련하여 MIT의 구쉬(Gush) 교수와 같은 물리학자들이 제시한 초기 우주에 대한 예상(speculation)을 간단히 소개하자. 우주의 입자들 사이의 상호작용(힘)에는 전자기 상호작용, 약한 상호작용, 강한 상호작용 그리고 중력 상호작용이 있다. 물리학자들은 하나의 이론으로 4개의 상호작용들을 통일하려고 노력한다. 전자기와 약한 상호작용을 통일한 양자 장이론이 표준모형(standard model)이고 중력장을 제외하고 나머지 상호작용들을 통일한 소위 대통일 이론(GUT)이라고 불리는 양자 장이론이 있다. 아직은 중력장을 통일하지 못하였는데 대통일이라고 부르는 것은 좀 과장된 느낌이 든다. 우주는 약 137억 년 전에 대폭발(big bang)이 일어났고 급속히 팽창(inflation)하면서 태어났다고 한다. 팽창 초기의 우주온도는 상상을 초월할 수 없을 정도로 대단히 높았고, 전자기와 약한 상호작용 그리고 강한 상호작용이 하나의 상호작용(힘)으로 통일되어 있었다고 예상할 수 있다. 우주의 팽창으로 온도가 낮아지면서 상전이와 대칭파괴로 인하여 전자기-약한 상호작용과 강한 상호작용이 분리되었고, 우주의 계속적인 팽창으로 온도가 계속 내려가면서 제2차 상전이와 대칭파괴가 일어나면서 전자기 상호작용과 약한 상호작용이 갈라졌다고 예상한다. 우주 역사에 대한 위의 시나리오는 우주론에서 제기되는 여러 가지 문제들에 대하여 그럴듯한 해결책을 제시하여 준다고 한다[19, 30].

표준모형은 물리학에서 어느 정도 정착된 이론으로 받아들여지고 있다. 그러면 표준모형에서 상전이와 대칭파괴가 일어난다는 것을 확인하는 일인데, 대단히 어려운 문제이다. 우선 수학적으로 일관성 있는 표준모형의 이론을 구축하여야 하고, 그 다음 상전이의 존재유무를 밝혀야 할 것이다. 갈 길은 아주 먼데, 아직도 우리는 물에서 상전이가 왜 일어나는지를 이해하지 못하고 있다.

19. 산술계, 가산성 및 칸토르의 대각선 논법

누구도 우리를 칸토르가 만들어 놓은 낙원에서 추방하지 못할 것이다.
– 데이비드 힐버트(David Hilbert) –

언어학자들이 인간이 언어에 대하여 타고난 본능이 있다고 주장하는 것처럼, 인간은 수를 이해하는 능력을 갖고 태어나는 것 같다. 애기들은 말을 배우기 시작한 후 어느 정도 시간이 지나면 손가락 수를 세고, 점점 자라면서 손가락과 사과를 대응시켜 사과가 몇 개 있는가를 알아낸다. 대부분의 사람들은 자연수에 대하여 어느 정도의 상식을 갖고 있고 간단한 덧셈과 곱셈 정도는 할 수 있다. 그러면 자연수 자체는 무엇일까? 수학적 대상들에 대한 정확한 정의와 그것들의 성질들을 조심스럽게 구별할 필요가 있다.

자연수에 대하여 좀 더 자세하게 살펴보자. 모든 자연수들의 집합 $\mathbb{N}$,

$$\mathbb{N} = \{0, 1, 2, 3, 4, \cdots\}$$

를 생각하자. 자연수에는 관심대상들의 양이나 크기를 재는

하나, 둘, 셋, 넷, …

과 대상들의 순서를 정하는

첫 번째, 두 번째, 세 번째, …

와 같은 속성을 갖고 있다[27]. 두 가지 속성에 대하여 알아보자.

19세기 후반 독일의 위대한 수학자 게오르그 칸토르(Georg Cantor, 1845-1918)는 집합론을 수학에 도입하였고 무한개의 원소를 갖는 집합들의 크기를 재는 방법을 고안하였다. 칸토르는 두 집합 A와 B에서 A의 원소들과 B의 원소들 사이에 1대1 대응이 있으면 A와 B는 "동등하다"라고 하였다. A와 B가 동등하면 A와 B는 크기가 같고, A가 B의 한 부분집합과 동등하지만 B와는 동등하지 못하면 A의 크기는 B의 크기보다 작다고 하였다. 독일의 수학자이면서 논리학자인 프레게(Frege, 1884)는 칸토르의 생각을 이어받아 집합의 구성 원소들의 수를 표현하는 양으로서 "기수(cardinality 또는 cardinal number)"라는 개념을 도입하였다. 기수는 동등한 집합들의 모임을 나타내는 기호(상징)이고, n개의 원소들로 이루어진 모든 집합들의 기수는 n이라고 하였다. 즉 프레게의 정의에 따르면 자연수 3이란 원소 3개를 갖는 모든 집합들의 기수이다.

지금까지 누구나 다 아는 자연수 3을 정의하는데 참 힘들게 하였고 꼭 그럴 필요가 있는가라고 생각할 수 있다. 그러나 좀 생각해 보면 자연수 3은 원소 3개를 갖고 있는 모든 집합들을 상징하고 있다는 것은 자연스러운 것이고, 또 수학에서는 언어의 통일이 필요하다.

많은 수학이론은 자연수에 근거를 두고 있다. 유클리드가 기하학에 대하여 자명하다고 생각되는 5개의 공리와 수학적 논리를 통하여 유클리드 기하학을 체계화하였듯이 자연수계를 공리계화 하는 것이 필요하였으나 아주 늦게 이탈리아의 수학자 페아노(Peano)에 의하여 1889년에 출간된 그의 저서에서 제시되었다. 페아노의 업적은 그 후 수학분야의 여러 이론들을 공리계로 형식화하는데 많은 영향을 주었다.

페아노는 자연수의 공리계에서 세 개의 무정의 용어, 자연수, 영(zero) 및 후자(successor)를 선택하였고 그들 사이에 다음과 같은 5개의 공리를 제시하였다[3,27]:

(1) 영은 자연수이다.
(2) 만약 a가 자연수이면 a의 후자도 자연수이다.
(3) 영은 어떤 자연수의 후자가 아니다.
(4) 후자들이 같은 두 개의 자연수들은 같은 자연수이다.
(5) 만약 자연수들의 집합 S가 영을 포함하고, S에 속한 각 자연수의 후자도 S에 속하면, S는 모든 자연수를 포함한다.

실제로는 페아노의 책은 기호논리를 사용하여 형식화되어 있으나 우리들은 말로써 공리들을 표현하였다. 위의 공리에서 (1), (2), (3)은 무엇이 자연수의 집합 $\mathbb{N}$인가를 판정하는 것이고, (4)는 두 자연수가 같은가 아닌가를 판정하는 것이다. (5)는 우리에게 익숙한 "수학적 귀납법"의 공리이다.

페아노의 공리계에서 영을 0이라 놓고, 자연수 a의 후자를 sa라고 하면 자연수들은

$$0, s0, ss0, sss0, \cdots$$

로 나타낼 수 있음을 알 수 있다. 즉 위의 공리계는 자연수들의 순서의 속성을 보여준다. 페아노의 공리계로부터 자연수의 덧셈과 곱셈을 정의할 수 있으며, 페아노의 공리들을 만족시키는 실수들의 집합 $\mathbb{N}$과 합과 곱의 연산을 합쳐 "페아노의 산술계" 또는 간단히 "자연수계"라고 부른다.

자연수계 $\mathbb{N}$이 주어지면 이로부터 정수계 $\mathbb{Z}$, 유리수계 $\mathbb{Q}$, 실수계 $\mathbb{R}$ 및 복소수계 $\mathbb{C}$ 등을 차례차례 구성할 수 있다. 칸토르의 스승이었으면서도 수학에 대한 철학이 달라서 일생동안 칸토르의 철저한 적이었던 독일의 수학자 크로네커(Kronecker)의 유명한 말

"신이 자연수를 만들었고, 나머지 모든 것은 인간이 한 일이다"

가 떠오른다[3, 20].

위에서 두 집합의 원소들 사이에 1대1 대응이 존재하면 두 집합은 동등하다고 하였고, 또 같은 기수를 갖는다고 하였다. 칸토르는 자연수 전체의 집합 $\mathbb{N}$의 기수를 $\aleph_0$, 알레프 눌(aleph null)이라고 나타냈는데 알레프는 헤브리 말의 알파벳 첫 글자이다. $\mathbb{N}$과 동등한 집합, 즉 $\aleph_0$을 기수로 갖는 집합을 "셀 수 있는 집합(countable set)" 또는 "가산 집합"이라 부른다. 정수들의 집합 $\mathbb{Z}$와 유리수들의 집합 $\mathbb{Q}$는 가산집합들임을 보일 수 있다. 우리는 자연수들에서 출발하여 정수들, 그리고 유리수들로 계를 확장시켰지만 구성 원소들의 수를 증가시키지 못하였다. 그러면 과연 "셀 수 없는" 집합들이 있는가? 실수들의 집합 $\mathbb{R}$은 어떠한가? $\mathbb{R}$이 셀 수 없는 집합임을 증명한 것은 칸토르의 위대한 업적들 중의 하나이

다. 칸토르가 사용한 증명방법은 유명한 칸토르의 "대각선 논법(diagonal argument)"과 "귀류법(proof by contradiction; reductio ad absurdum)"이다. 귀류법(배리법)은 이미 고대 그리스 시대부터 수학과 논리학 등에서 많이 사용되는 방법으로써, 증명하고자 하는 주장(명제)을 부정한 다음 모순을 일으켜 주장을 증명하는 방법이다.

칸토르의 증명을 따라가 보자. 0과 1 사이의 실수들의 집합, 즉 폐구간 $[0,1]$이 가산집합이 아니라는 것을 증명하고자 한다. $[0,1]$이 가산집합이라고 가정하여 보자. 0과 1 사이의 실수는 십진법으로 전개(소수점 전개)가 가능하다. 단 $1=0.999\cdots$이다. 만약 폐구간 $[0,1]$이 셀 수 있는 집합이면 $\mathbb{N}$과 $[0,1]$ 사이에 1대1 대응이 존재한다.

자연수들		실수들
0	$\leftrightarrow$	$r_0=0.\mathbf{1}094563\cdots$
1	$\leftrightarrow$	$r_1=0.3\mathbf{3}40871\cdots$
2	$\leftrightarrow$	$r_2=0.92\mathbf{8}6130\cdots$
3	$\leftrightarrow$	$r_3=0.635\mathbf{7}949\cdots$
4	$\leftrightarrow$	$r_4=0.4740\mathbf{8}57\cdots$
5	$\leftrightarrow$	$r_5=0.75184\mathbf{1}4\cdots$
6	$\leftrightarrow$	$r_6=0.517278\mathbf{9}\cdots$
$\vdots$		…………………
$\vdots$		…………………
$\vdots$		…………………

위에서 대각선의 숫자는 굵은 글씨로 썼다: 1, 3, 8, 7, 8, 1, 9,…… .

대각선의 숫자들을 순서대로 사용해서 위의 목록에 없는 0과 1 사이의 특별한 숫자 d를 만들려고 한다. d를 만드는 방법은 여러 가지가 있으나 한 가지 방법은 다음과 같다. 대각선에 있는 각 숫자가 9보다 작으면 1을 더하고 9이면 0으로 대치하라. 위의 경우 d는

$$d = 0.\mathbf{2498920}\ \cdots\cdots$$

이다. 숫자 d는 위의 목록에 없는 숫자이다. 왜냐하면 d의 소수점 첫 번째 숫자는 r_0의 첫 번째 숫자와 다르고, d의 두 번째 숫자는 r_1의 두 번째 숫자와 다르다. 임의의 자연수 n에 대하여 d의 n번째 숫자는 r_n의 n번째 숫자와 다르다. 자연수의 집합 $\mathbb{N}$과 실수의 폐구간 $[0,1]$ 사이에 1대1 대응이 있으면 0과 1 사이의 어떤 실수라도 위의 목록에 있어야 한다. 그러나 목록에 없는 d가 존재하므로 1대1 대응은 존재하지 않는다. 즉 $[0,1]$은 셀 수 없는 집합이고 $[0,1]$은 $\mathbb{R}$의 부분집합이므로 $\mathbb{R}$은 셀 수 없는 집합이다.

실수의 집합 $\mathbb{R}$의 기수를 C라고 한다. C는 "연속체(continuum)"의 머리글자이다. $\aleph_1$을 기수 $\aleph_0$보다 다음으로 큰 기수라고 한다면, 아직까지 완전하게는 해결되지 못한 문제로서 $C = \aleph_1$이라는 소위 칸토르의 "연속체 가설(continuum hypothesis)"이 있다. 1940년 쿠르트 괴델(Kurt Gödel)은 현재 수학에서 사용하고 있는 표준 집합론으로는 연속체 가설을 부정할 수 없다는 것을 보였고, 1963년 파울 코헨(Paul Cohen)은 표준 집합론으로는 연속체 가설을 증명할 수 없다는 것을 보였다. 즉 표준 집합론의 방법으로는 연속체 가설을 결정할 수 없다는 것이다([17]의 참고문헌). 그렇지만 좀 더 강력한 방법으로 연속체 가설의 진실여부가 해결될 가능성이 있을 수 있다.

칸토르가 고안한 대각선 논법은 여러 가지 형태로 변형(수정)되어 수학에서 중요한 정리들을 증명하는 방법으로 많이 사용되고 있다. 특히 괴델(Gödel, 1931)은 불완전성 정리(incompleteness theorem)의 증명에서, 튜링(Turing, 1937)은 튜링기계의 정지문제(halting problem)가 풀릴 수 없다는 증명에서 (자기조회(self-refering)와 같은) 정교하게 변형된 대각선 논법을 사용하였다. 불완전성 정리와 정지문제는 후에 그 내용들을 간략하게 설명하려고 한다.

20. 일관성(Consistency), 완전성(Completeness), 그리고 괴델의 정리(Gödel's Theorem)

우리는 알아야 한다! 우리는 알 것이다!
– 데이비드 힐버트(David Hilbert) –

그러나 온갖 오류는 (감성이나 교육과 같은)외부요인에 있다;
이성 그 자체는 잘못을 범하지 않는다.
– 쿠르트 괴델(Kurt Gödel) –

한 시대의 수학을 건강한 나무가 자라는 것에 비교할 수 있다[3]. 나무에 많은 가지가 있는 것과 같이 수학에도 여러 분야가 있으며, 각 분야는 발전을 계속하고 새로운 분야가 탄생하기도 한다. 한편 수학이 건강하게 발전하려면 그 뿌리가 튼튼하여야 하고, 뿌리가 여러 방향으로 힘차게 뻗어나가 확고하게 자리를 잡아야 한다.

19세기 말에서부터 20세기 전반, 약 40년은 수학의 근본(foundation)에 대한 내부성찰의 기간이라고 볼 수 있다. 19세기 후반 수학적 증명에 대한 좀 더 강력한 방법들의 개발과 새로운 수학적 개념들이 도입되면서 수학은 많은 발전을 하게 되었다. 힐버트(Hilbert), 칸토르(Cantor)와 뽀앙까레(Poincaré) 등을 당시 수학 발전의 선두 주자라고 할 수 있다. 칸토르에 의하여 집합론이라는 새로운 개념이 도입되었고, 수학적 방법 중 많은 부분은 무한개의 원소들을 갖는 집합에 연관된 것이었다. 수학자들은 성공적인 방법에 익숙해졌고, 수학의 근본에 대하여 관심을 갖게 되었다[3].

수학과 수학적 추리를 가능한 한 명료하고 질서 있는 형식으로 나타내고자 하는 것은 아마도 자연스러운 일일 것이다. 그래서 수학을 공리들이라고 불리는 직관적으로 당연한 주장들과 정확하게 정의된 추리규칙(진행규칙)들 위에 놓고자 하는 것이 수학자들의 꿈이었다. 이와 같은 꿈은 고대 그리스의 유클리드(B.C. 300)에서 독일의 위대한 수학자 데이비드 힐버트(David Hilbert, 1862-1942)에 이어져왔다. 자연수의 산술계는 페아노(1889)에 의하여 형식화되었으며, 그는 우리가 현재까지도 사용하고 있는 많은 수학 기호들을 만들었다. 힐버트는 1899년 출간된 그의 책 『기하학원론(Grundlagen der Geometrie)』에서 유클리드 기하학을 형식체계로 체계화하였으며, 그의 책은 기하학뿐만 아니라 수학의 모든 분야를 형식화하는 것을 촉진시켰다[3, 27].

힐버트는 1900년 프랑스 파리에서 열린 제2차 국제 수학자 대회에서 기조연설을 하였다. "수학 문제들"이라는 제목의 강연에서 그는 새로운 세기에 수학 발전의 길을 제시하는 임무를 자임하였다. 힐버트는 강연 서두에서

> 모든 수학문제의 해결가능성에 대한 신념은 수학자들에게 강력한 자극이다. 우리는 다음과 같은 소리를 우리들 안에서 끊임없이 듣는다: 문

> 제가 있다. 그 해를 찾는다. 수학에는 무지(ignorabimus)가 없기 때문에 우리는 그것을 순수한 이성으로 찾을 수 있다.

와 같은 특유의 화려한 연설로 특정한 문제가 아무리 어렵더라도 승리는 필연적이라고 수학자들을 독려하였다. 그리고 그는 앞으로 20세기 수학이 옳은 방향으로 발전하는 데 중요한 역할을 하리라고 예상되는 대단히 중요한 문제들로서 23개의 수학문제들을 발표하였다.

그가 발표한 수학문제들을 "힐버트 문제들"이라고 부른다. 힐버트의 첫 번째 문제는 칸토르의 연속체 가설을 증명하는 것이다. 두 번째 문제는 자연수의 산술계의 "일관성(무모순성)"이 증명 가능한가 하는 것이고, 열 번째 문제는 디오판투스(Diophantus, 200-284)가 다루었던 소위 디오판타인 문제의 풀이 가능성(solvability)에 대한 결정 문제이다. 위의 두 번째 문제와 열 번째 문제들은 서로 밀접한 관련이 있다.

힐버트는 두 번째 문제에서 수학의 근본인 자연수의 산술계를 다루었지만 보다 근본적인 관심은 잘 정의된 수학의 각 분야를 공리계로 형식화하는 데 있었다. 형식화 또는 형식체계라는 것은 가능한 한 다루기가 힘든 직관을 수학에서 제거하기 위하여 의미 있는 "점"이나 "직선" 또는 "영"이나 "후자"와 같은 단어들 대신에 유한개의 수학적 기호들로 구성된 알파벳으로 공리들과 추리규칙들을 표현하고 공리들로부터 추리규칙에 따라 기계적으로 수학적 결과를 유도하려는 것이다. 물론 어떤 공리를 선택하느냐 하는 것은 직관에 의존할 수밖에 없다. 수학의 각 분야를 "일관성" 있고 "완전성"이 있는 공리계로 형식화하려는 것을 소위 "힐버트 프로그램"이라고 한다. 여기서 "일관성" 또는 "무모순성"이란 공리계에 근거해서 유한번의 추리과정으로 참(긍정적)이고 동시에 참이 아닌(부정적인) 모순된 결과가 유도되지 않는다는 것이고, "완전성(completeness)"이란 공리계에서 의미가 있는 명제(주장)는 진실인지 진실이 아닌지 유한번의 추리과정으로 증명되어야 한다는 것이다.

1931년 오스트리아의 젊은(24세) 논리학자인 쿠르트 괴델(Kurt Gödel)은 아마도 20세기에서 인간이 얻은 가장 심오한 개념적 결과라고 할 수 있고, 또 힐버트 프로그램을 부수는 논문을 발표하였다. 논문에서 괴델은 "괴델의 불완전성 정리(incompleteness theorem)"라고 불리는 결과를 수학이나 논리학에서 지금까지 보지 못하였던 독창적인 방법으로 증명을 하였다. 정리의 내용은

"산술계를 포함하고 있는 어떤 (일관성 있는) 형식체계라도 참인지 참이 아닌지를 증명할 수 없는 의미 있는 명제가 존재한다"

라는 것이고, 따름정리로서 다음과 같은 결과

"산술계를 포함하고 있는 형식체계의 일관성은 형식체계 안에서는 증명할 수 없다"

라는 것을 유도하였다. 만약에 괴델의 증명 불가능한 명제를 새로운 공리로 받아들여 공리계를 완전하게 하려고 하면, 또 다른 증명 불가능한 명제가 있다.

괴델의 불완전성 정리가 의미하는 것은 무엇일까? 수학적 진실을 밝히는 데는 공리체계의 기계적인 방법으로는 부족하다는 의미일 것이다. 형식론의 관점에서는 그 개념이 모호한 직관은 형식체계를 구성하는 사전 준비인 공리들을 선택하는 역할을 하지만, 수학적 진실을 결정하는 수학적 논의과정에서는 아무 역할도 하지 못한다. 괴델의 정리는 이와 같은

인위적이고 알고리즘적인 형식론적 접근방법으로는 도달할 수 없는 수학적 진실이 존재한다는 것을 이야기한다. 그러면 수학적 진실을 아는 데는 우리들의 직관이나 통찰력 등이 필요하다는 것인가? 인간의 직관이나 통찰력 등의 속성은 무엇이며, 이간의 정신적 추리과정의 구조는 어떤 것인가? 그리고 유의하여야 할 것은 괴델의 형식체계의 불완전성 증명은 그 형식체계 안에서 이루어졌다는 것이다. 따라서 역설적이지만 괴델의 정리는 수학의 한계뿐만 아니라 수학의 힘도 암시한다.

괴델의 결과는 수학의 근본을 이해하는데 중요한 역할을 해왔다. 그 결과에 대한 수학자들의 처음 반응은 놀랍고 혼란스러운 것이었다. 지금까지 사용한 수학적 방법에 대하여 의심하게 되었고, 또 몇 가지의 법칙으로 자연현상을 이해하려는 과학의 이상도 의심하게 되었다. 그러나 시간이 지나고 수학의 구조에 대한 새로운 이해가 쌓이면서 수학에 대한 새로운 지평을 열게 되었다. 전반적으로 말하면 괴델의 정리는 수학의 경관을 변화시켰다. 그리고 어느 정도는 자연스러운 것으로 받아들여졌다.

수학과 현실세계는 우리가 생각하는 것보다 훨씬 심오하고 복잡하다는 생각이 든다. 학문의 한 분야를 유한개의 공리나 법칙으로 체계화시켜서 학문의 완성도를 높여나가는 것은 값어치가 있고 바람직스러운 일이다. 그러나 유한개의 원리들만으로 우주의 모든 현상을 완벽하게 설명할 수 있다는 것은 지나친 생각일 수 있다. 유한개의 원리로 구성된 물리이론은 하나의 수학이론으로서 공리적인 형식체계을 구성할 것이고 그 형식체계에 괴델의 불완전성 정리가 적용될 것이다.

힐버트 프로그램이 괴델에 의하여 파산선고를 받음으로써 더욱 풍요로워진 것은 매우 역설적이라 할 수 있다. 현대수학의 거의 모든 분야는 공리계로 형식화하면서 발전하여 왔다. 물론 수학기호만을 사용한 완전한 형식체계를 우리가 쉽게 받아들이기가 어렵기 때문에 수학에서는 우리가 보통 쓰는 자연언어에 많이 의존한다. 비록 완전한 형식체계는 아니지만 수학에서 아직도 힐버트 프로그램이 작동하는 이유는 수학을 체계적으로 일반화하고 추상화하는데 보다 더 효과적인 방법을 찾지 못하는 것이 아닌가 생각해 본다.

1940년대 초 어느 봄날 저녁 무렵 미국 뉴저지주 프린스턴 교외의 오솔길을 두 사람이 이야기를 나누며 뒷짐을 하고 걸어가고 있다. 앞에는 개인집들이 멀리 보이고 걸어온 뒤쪽에는 고등연구소의 빨간 벽돌집이 보인다. 한 사람은 30대의 청년이고 또 한 사람은 흰 머리가 사방으로 뻗친 60대의 노인이다. 노인은 상대성 이론으로 대중에게도 잘 알려진 아인슈타인이고, 청년은 아리스토텔레스 이후 가장 유명한 논리학자라고 하지만 이름이 별로 알려지지 않은 괴델이다. 20세기의 두 거성이 무슨 이야기를 하였을까 궁금하다. 아인슈타인은 성격이 따뜻하고 친절하여 대화를 잘 하는 편이지만, 괴델은 냉정하고 괴벽스러워 주로 혼자 지냈으며, 자기의 조국과 학문분야에서 추방되었다는 피해의식을 갖고 있었다고 한다. 두 사람이 서로 끌린 이유는 무엇일까? 아마도 선험적, 수학적 진실과 우주의 질서를 믿는 두 사람의 공통된 플라톤적 철학일 것이다. 그리고 아인슈타인은 정신적으로 불안한 괴델이 누군가의 도움이 필요하다고 생각하였을 것이다. 두 사람이 함께 퇴근하면서 대화를 나누는 일은 1955년 아인슈타인이 타계할 때까지 계속 되었다고 한다[17, 20]. 아인슈타인이 죽은 후 괴델은 더욱 격리되어 살다가 1978년 1월 14일 세상을 떠났다. 사망 원인은 음식을 먹지 않아 스스로 굶어 죽었다는 것이다.

21. 계산가능성(Computability)과 계산적 복잡성(Computational Complexity)

알고리즘은 어떠한 프로그램 언어에서도 떨어진 개념이다.
– 도날드 너스(Donald Knuth) –

때때로 어떤 일들이 불가능한 것은 좋은 일이다. 나는 아무도 나에게 하지 못하는 일들이 많다는 것이 행복하다.
– 레오니드 레빈(Leonid Levin) –

우리가 어떤 작업을 수행하기 위해서는 먼저 체계적이고 조직적인 방법을 생각한다. 특히 수학적 계산을 하기 위해서는 계산 대상의 크기에 관계없는 일반적인 계산 방법, 즉 "알고리즘(연산 법)"이 필요하다. 우리는 학교에서 아무리 큰 두 개의 수라도 더하고 곱하는 방법을 배웠다.

역사적으로 알고리즘의 개념은 이천 년 이상으로 거슬러 올라간다. 가장 잘 알려진 예로서 두 자연수들의 최대 공약수(largest common divisor)를 구하는 과정인 유클리드(B.C. 300)의 알고리즘이라 하겠다. 유클리드의 알고리즘은 임의의 두 자연수들의 최대 공약수를 구하는 체계적인 방법으로서 수의 크기에 관계없이 사용된다. 두 수의 크기가 아주 크면 답을 구하는 시간이 많이 걸리지만 기계적으로 과정을 밟아 가면 유한번의 과정(걸음)으로 답을 구한다. 유클리드의 알고리즘은 수학에서 수많은 알고리즘 중에서 하나일 뿐이다.

오랜 역사적 배경에도 불구하고 일반적인 알고리즘의 근본 개념은 1930년대 미국 수학자 애론조 처치(Alonzo Church)와 영국 수학자 애란 튜링(Alan Turing) 등에 의하여 도입되었다. 그 중에서 가장 개념적으로 간단하고 역사적으로 중요한 것은 "튜링 기계(Turing machine)"라고 알려진 개념이다. 새로운 개념은 힐버트가 제안한 "결정문제(decision problem: Entscheidungsproblem)"라고 불리는 광범위한 문제에 도전하기 위하여 영국 출신의 수학자이며 암호분석가이고 뛰어난 전산 과학자인 튜링에 의해 도입되었다[41].

이미 전 장에서 설명하였듯이 힐버트는 열 번째 문제로서 결정 문제를 다루었다. 힐버트는 1928년 보로니아 국제학술대회에서 결정 문제를 좀 더 자세하게 설명하였다. 결정 문제라는 것은, "(잘 정의된 집단에 속하는) 수학의 모든 문제들을 원칙적으로 해결할 수 있는 일반적인 기계적 과정이 있는가?"라는 것이다. 즉 수학의 모든 문제를 해결할 수 있는 알고리즘들이 존재하는가 하는 것이다.

문제의 어려운 점은 당시에는 생소한 "기계적 과정"이 무엇을 의미하는가 하는 것이다. 튜링은 "기계"라는 개념을 기본적인 요소들로 나누어 형식화하려고 노력하였다.

튜링기계는 다음 4개의 중요한 요소들로 구성되었다.

(1) 프로그램: 시행 및 변경 명령서.

(2) 유한상태 관리: 장치의 유한개의 상태들, 장치의 행동을 결정.
(3) 테이프: 컴퓨터의 메모리 역할. 일차원적이고 한쪽 방향(오른쪽)으로 무한대로 뻗쳐 있다. 테이프는 사각형의 무한 수열로 이루어졌다.
(4) 읽고 쓰는 머리(head): 읽고 쓸 수 있는 머리(막대)로서 테이프의 현재 위치를 가리킴.

튜링기계의 좀 더 자세한 설명은 부록 A.6을 참고하기 바란다.

자연수를 이진법으로 표현하는 것이 자연스럽다. 튜링기계는 테이프에 입력된 자연수(들)를 프로그램을 통해서 계산한 후 결과를 테이프의 마지막 상태로 출력시키는 계산 함수라고 생각할 수 있다. 튜링기계는 각 작업 단계에서 읽고 쓰는 머리로 프로그램의 내용에 따라 사각형 안의 글자를 지우고 다시 쓰며 왼쪽이나 오른쪽으로 한 칸씩 움직인다. 그리고 기계는 새로운 내부 상태로 변한다. 이것을 튜링기계의 한 회전(cycle)이라고 한다. 그러면 어떤 종류의 함수가 튜링기계로 계산 가능한가? 놀랍게도 우리가 사용하는 현대 컴퓨터로 계산 가능한 모든 함수들이 튜링기계로 계산 가능하다는 것이 알려졌다. 처치와 튜링은 계산 가능성에 대한 현대적 개념을 도입하였다:

"튜링기계로 계산 가능한 함수들의 모임은 우리가 알고리즘으로 계산 가능하다고 보는 함수들의 모임에 정확하게 대응한다."

이를 처치-튜링의 논제(thesis)라고 부르는데, 우리가 직관적 개념으로 의미하는 알고리즘으로 계산 가능한 함수(수학문제)와 튜링기계로 계산 가능한 함수(수학문제)가 동일하다는 주장이다.

각 튜링기계의 프로그램은 수학적 기호로 되어 있다. 각 기호는 숫자로 나타낼 수 있고 한 프로그램 전체는 다시 숫자들로 나열된 줄이며, 이 줄은 다시 숫자로 나타낼 수 있다. 따라서 각 튜링기계는 숫자로 번호를 붙일 수 있다. 이것을 튜링 숫자라고 한다. 각 튜링기계의 유한상태 관리는 하나로 통일할 수 있다. 각 튜링기계를 나타내는 프로그램 숫자(튜링숫자)를 테이프 앞부분에 기술하고 입력되는 정보를 그 후에 기술함으로써 모든 튜링기계를 하나의 기계로 만들 수 있다. 이것을 유니버설 튜링기계(UTM)라고 한다.

그러면 계산 불가능한 함수가 존재하는가 하는 문제가 자연스럽게 제기될 것이다. 튜링 숫자 n을 갖는 튜링기계 T_n이 테이프에 입력된 숫자 m에 대하여 (계산을 끝내고) 정지할 것인가, 아니면 (고리를 형성해서) 계속 회전할 것인가 하는 것으로 이를 "정지문제(halting problem)"라 부른다. 튜링은 정지문제를 해결할 일반적인 알고리즘(튜링기계)은 존재하지 않는다는 것을 증명하였다. 즉 정지문제는 계산 불가능한 문제이다. 이 결론은 힐버트 문제에 대한 부정적인 답을 준다. 시간이 지나면서 계산 불가능한 문제는 많이 알려졌다. "단어문제", "디오판타인 방정식들의 해를 구하는 알고리즘의 존재" 등은 계산 불가능한 문제들이다[8,29].

계산 가능한 문제에 대하여 답을 얻기 위한 튜링기계의 회전수에 따라 효과적이거나 효과적이지 못한 알고리즘이 있을 것이다. "계산적 복잡성(computational complexity)"은 주어진 문제에 대하여 효과적인 알고리즘의 존재 가능성에 따라 결정될 것이다.

튜링기계의 테이프에 입력된 정보의 길이(숫자의 길이)를 n이라 하고 답을 얻는데 필요한 튜링기계의 회전수를 T라고 하자. 만약 상수 K와 자연수 r이 존재해서 부등식

$$T \leq K(n+1)^r$$

이 성립하면, 알고리즘은 다항식 시간(polynomial time) 알고리즘이라 부른다.

다항식 시간 알고리즘은 효과적이라 할 수 있고, 해당문제를 추종가능(tractable)하다고 부른다. 두 개의 자연수를 더하는 것은 $r=1$ 이며, 두 자연수를 곱하는 것은 $r=2$ 이다. 추종 가능성의 정의는 어떤 종류의 튜링기계를 사용하느냐에 의존하지 않는다. 전산학에서는 추종 가능한 문제가 무엇인가가 대단히 중요하고, 선형 프로그래밍과 같은 효과적인 알고리즘을 발견하는 것은 대단히 어려운 일이다. 추종 가능한 문제들의 집단을 $\mathbb{P}$ 라고 표현한다. 여기서 $\mathbb{P}$ 는 다항식 시간을 말한다. 추종가능하지 못한 문제들은 많이 있다. 예로서 자연수의 소인수분해(prime factorization)는 아직까지 추종 가능하다는 것이 알려지지 않았다. 만약 어떤 문제에 대하여 답을 얻기 위한 (지금까지 알려진) 알고리즘의 소요시간 T가 입력정보의 길이 n에 대하여 지수적으로 증가하면, 즉 상수 K와 자연수 r이 존재해서 부등식

$$T \geq K2^{n^r}$$

을 만족시키면, 그 문제는 집단 $\mathbb{EXP}$에 속하다고 한다. $\mathbb{EXP}$-문제는 추종 불가능한 문제이다.

많은 계산 문제는 "결정문제(decision problem)", 즉 "이냐" 또는 "아니냐"하는 문제로 표현할 수 있다. 예를 들어 m이 소수인가 아닌가? 하는 것이다. 결정문제 중에서 $\mathbb{P}$에 속하지 못한다고 믿는 문제의 예는 인

수분해 결정문제(factoring decision problem), 즉 두 자연수 m과 l, $l < m$이 주어졌을 때 l보다 작으면서 1보다 큰 m의 인수가 존재하느냐 하는 문제이다. 인수분해 결정 문제에서 흥미 있는 성질은 만약 어떤 사람이 그런 인수가 존재한다고 주장하면, 알고리즘으로 그런 인수를 찾을 수 있고, 다른 사람이 찾은 인수가 답이 되는가를 다항식 시간에 확인할 수 있다는 것이다. 인수분해 결정문제는 $\mathbb{NP}$에 속한 문제로서, $\mathbb{NP}$는 비 결정 다항식 (non-deterministic polynomial)을 말한다. 좀 더 정확하게 설명하면, $\mathbb{NP}$에 속한 문제가 답을 갖고 있다면, 알고리즘으로 하나의 답을 찾을 수 있고, 제시된 답이 정말 답이 되느냐 하는 것을 다항식 시간에 확인할 수 있다. 만약 문제가 답을 갖고 있지 않다면 알고리즘으로 (다항식 시간일 필요는 없지만) 답이 없다는 것을 확인할 수 있다. $\mathbb{NP}$ 문제 중에는 해밀턴의 회로문제(Hamilton circuit problem)와 여행 판매원 문제 (travelling salesman problem) 등이 있다. 계산적 복잡성 집단 $\mathbb{P}$, $\mathbb{NP}$ 및 $\mathbb{EXP}$ 사이에는 포함 관계

$$\mathbb{P} \subset \mathbb{NP} \subset \mathbb{EXP}$$

가 성립한다. 복잡성 분야에서 중요한 미해결 문제 중에 하나는 $\mathbb{NP}$가 $\mathbb{P}$냐 또는 아니냐 하는 문제이다. $\mathbb{NP}$가 $\mathbb{P}$와 같지 않다고 전문가들은 믿고 있으나 아직 증명되지 않았다.

애란 튜링(Alan Turing, 1912-1954)은 심한 우울증에 시달리다가 자살하므로 42년의 짧은 인생을 마감하였다. 그는 동성연애를 받아들이지 못하는 시대에 동성연애자였다. 튜링은 케임브리지 대학교 킹스 카레지에서 학사학위 후 연구기간인 1934년에 궤델의 불완전성 정리를 알게 되었고, 그 후 힐버트의 결정 문제를 연구하면서 튜링기계라는 독창적인 개

념을 도입했다. 그는 미국에 건너가 프린스턴 대학교에서 박사학위를 받은 후 2차 대전 직전에 영국으로 귀국하였고, 전쟁 중에는 정부 암호해독 작전에 참여하여 독일의 에니그마 코드(enigma code)를 푸는데 핵심적인 역할을 하였다. 종전 후 튜링은 미국의 폰 노이만과 마찬가지로 실제로 사용할 수 있는 컴퓨터를 제작하는 연구를 하였다. 튜링은 생각하는 컴퓨터, 즉 인공지능에 관심이 있었다. 1952년 튜링은 동성연애자라는 죄목으로 경찰에 체포되었고 대중도덕을 심각하게 침해하였다는 선고를 받은 것이 그의 죽음의 원인이 되었다. 당시 사회의 편협한 도덕기준이 한 위대한 수학자를 잃게 만들었다.

22. 정보이론과 콜모고로프 복잡성(Kolmogolov Complexity)

통신의 근본적인 문제는 한 점에서 선택된 한 메시지를
다른 점에서 똑같이 또는 근사적으로 재생하는 것이다.
종종 메시지는 의미를 갖고 있다. ….
그와 같은 통신의 언어적 측면은 공학적 문제에는 무관한 일이다.
의미가 있는 관점은 실제상의 메시지는 가능한 메시지들의 집합에서
선택되었다라는 것이다. 시스템은, 설계할 때는 알 수 없으므로,
실제로 선택되어질 메시지가 아니라 각 가능한 선택에 대하여
작동할 수 있도록 설계되어야 한다.
– 클로드 섀넌(Claude Shannon) –

개인이나 단체 또는 정부기관이 어떤 사업을 추진하려고 계획을 세울 때 사업과 관련이 있는 정보를 철저하게 수집해서 분석하고 평가하여 그 결과를 사업계획에 반영하여야 할 것이다. 예를 들어 한 가족이 특정 지역에서 휴가를 보내려 할 때 교통편과 그 지역의 숙박 및 편의시설과 비용, 그리고 구경하고 싶은 장소들을 미리 조사해서 여행계획을 세운다. 정보의 중요성은 이미 2500년 전 중국의 춘추전국시대에 손자가 손자병법에서 "상대를 알고 나를 알면 백 번 싸워도 위태롭지 않다"라고 말하였으며, 인류사회가 발전하면서 그 중요성이 증가되었다.

지난 세기 중반 이후 정보의 질과 양의 급속한 증가와 정보통신기술의 발전으로 인하여 우리는 신문, 방송 및 인터넷과 같은 대중매체를 통하여 수많은 정보에 노출하게 되어 마치 정보의 홍수시대에 사는 것 같이 느껴질 때가 있다. 필요한 정보에 대한 쉬운 접근은 우리의 생활을 편리하게 하여주지만, 부정확한 정보나 조작된 정보의 대중으로 빠른 확산은 사회의 불안요소가 되기도 한다.

정보이론의 중요한 임무는 정보 제공자(information source)로부터 정보를 받아 통신채널(communication channel)을 통해서 정보 수요자에게 효과적이고 신뢰성 있게 정보를 전달하는 방법을 찾는 것이다. 정보 제공자는 연설을 하는 정치인이나 기상정보를 취급하는 기상청이 될 수도 있고 매일 잔소리를 하는 남편이나 부인도 될 수 있다. 통신채널은 전화선, 광케이블, 레이저 빔이거나 인공위성을 통한 무선통신일 수도 있다. 문제는 통신채널의 용량(capacity)에 한계가 있고, 또 채널에 외부에서 잡음(noise)이 들어온다는 것이다. 채널용량이란 채널이 단위시간(초)당 보낼 수 있는 2진 숫자(비트)의 최대 수를 말하며, 만약 정보 제공자가 단위시간당 채널용량보다 많은 정보를 제공하면 모든 정보를 다는 보낼 수 없을 것이다. 그리고 채널의 잡음이란 태양 또는 우주에서 오는 전자파나 채널이 있는 지역에서 발생하는 전자파에 의하여 발생하는 것으로 여러분이 전화를 할 때나 라디오를 틀어 음악을 들을 때 잡음을 들은 경험을 갖고 있을 것이다. 이러한 이유로 1940년대 이전까지 사람들은 무시할 수 있을 정도의 오류(error)로 정보를 전달하는 것은 불가능하다고 생각하였다.

1948년 출판된 논문[36]에서 미국학자 클로드 섀넌(Claude Shannon)은 혼자서 정보이론을 창조하였다. 그의 논문에서 그가 해결한 문제들은 다음과 같다.

(1) 얼마만큼 메시지를 압축시킬 수 있는가? 즉 메시지에 어느 정도의 중복(redundant)이 있는가?
(2) 어떤 비율로 우리가 잡음이 있는 채널로 신뢰성 있게 송신을 할 수 있는가? 즉 메시지에 어느 정도의 중복성(redundancy)을 도입하여 잡음으로 발생하는 오류를 방지할 수 있는가?

두 질문은 중복성에 관한 것으로 섀넌은 중복성을 정량화하는 방법으로 섀넌의 엔트로피를 도입하였다. 위의 문제들의 해답인 "데이터 압축(data compression)"과 "오류고침 코드(error correcting code)"에 대하여 간단히 설명하려고 한다. 섀넌 이후 정보이론은 이론적으로나 실용적인 응용에서 급속하게 발전하여온 성공적인 과학 분야가 되었다.

데이터 압축에 대해서는 이미 16장 섀넌의 엔트로피에서 간단하게 설명하였다. 한 메시지는 k개의 글자들로 이루어진 알파벳

$$\Omega=\{x_1,x_2,\cdots,x_k\}$$

에서 선택한 글자들의 줄이다. 영어에서는 알파벳 글자 26개와 공간기호를 더하면 $k=27$이다. 한글에서는 쌍 자음들(ㄲ 등)과 복합모음들(ㅐ 등)을 독립기호로 처리하느냐 마느냐에 따라서 k 값이 달라질 것이다. 통계적으로 알파벳 글자 x_i, $i=1,2,\cdots,k$,가 나올 확률이 p_i라고 하자. 영어에서는 E가 나올 확률이 0.13으로 가장 높고 Q와 Z의 확률이 0.01 정도로 가장 낮다[7].

N개의 알파벳 글자로 이루어진 메시지를 생각하자. 메시지의 각 글자는 서로 독립이고 같은 확률분포(i.i.d)를 갖는다고 가정하자. 이 가정은 이상적인 것이고 실제로 영어에서는 T와 H가 TH로 나올 확률이 높다. 메시지들 중에서 x_1을 p_1N개, x_2을 p_2N개,⋯, x_k를 p_kN개를 갖고 있는 메시지를 "대표적 메시지"라고 부르며 대표적 메시지들의 총 수는 $k^{NH(p)/\log k}$ 정도이다(16장 식 (16.1) 참조). 여기서 $H(p):=H(p_1,p_2,\cdots,p_k)$는

$$H(p_1,p_2,\cdots,p_k)=-\sum_{i=1}^{k} p_i \log p_i$$

로 정의되는 섀넌의 엔트로피이고 정보이론에서 log는 자연 로그 대신에 2를 밑으로 하는 로그함수이다.

정보이론에서는 모든 정보를 2진 체계(binary system)로 숫자화한다. 따라서 알파벳은 $\Omega=\{0,1\}$이고 한 메시지는 0과 1로 되어 있는 유한수열이다. 0과 1의 확률분포를 p와 $1-p$라고 하면 섀넌의 엔트로피 $H(p):=H(p,1-p)$는 부등식 $0\le H(p)\le 1$을 만족시킨다. 아래 그림은 p에 대한 $H(p)$의 값을 그래프로 나타낸 것이다.

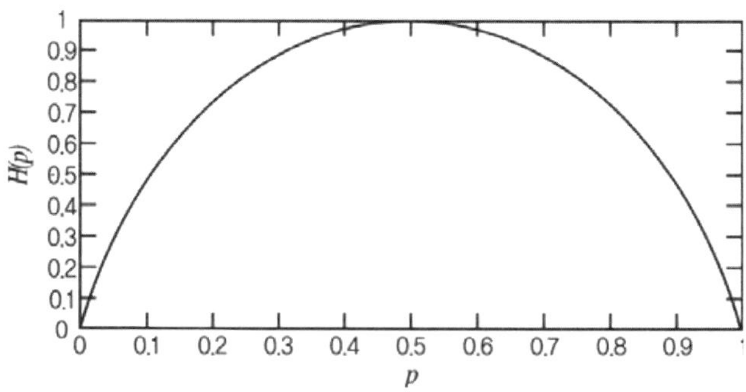

[그림 22.1] H(p)의 그래프

N개의 비트(0과 1)로 이루어진 메시지의 총 수는 2^N개이고 대표적 메시지의 총 수는 $2^{NH(p)}$임을 기억하자. 임의의 $\epsilon > 0$ 에 대하여 $\epsilon-$대표적 메시지들의 집합 $A(N,\epsilon)$을 정의할 수 있고 $A(N,\epsilon)$안에 있는 메시지는 $N(H(p_0,p_1)+\epsilon)$개의 비트로 부호(코드)화 할 수 있음을 보일 수 있다. 확률론의 큰 수의 법칙에 의하여 메시지가 $A(N,\epsilon)$에 속할 확률은 N이 증가하면 1에 접근 한다[7, 26].

만약 잡음이 있는 통신 채널을 통하여 통신을 하려면 중복성을 도입함으로써 통신의 신뢰도를 높일 수 있다. 예를 들어 메시지의 각 비트를 여러 번 중복해서 보내면 다수결 법칙에 따라서 원래의 비트를 알 수 있을 것이다. 그래서 잡음효과에 대항하여 메시지를 보호하려면 메시지에 중복정보를 더하여 부호화(코드화)하여야 한다. 이런 방법으로 비록 부호화된 메시지에 어느 정도의 정보가 잡음에 의하여 손상되었다 할지라도 부호화된 메시지에 충분한 중복성이 있어 원래 메시지 속에 포함된 정보를 회복할 수 있도록 부호해독(decoding)이 가능할 것이다.

좀 더 구체적으로 설명하기 위하여 2진 대칭채널을 생각하자[26, 32]. 2진 알파벳으로 된 메시지에서 채널의 잡음 때문에 메시지의 각 비트의 숫자가 바뀔(0이 1로, 1이 0으로) 확률이 p 라고 하자. 메시지의 숫자(비트)들의 총 수를 메시지의 길이라고 하자. 길이가 m인 메시지 2^m개를 길이가 n, m≤n,인 메시지로 부호(코드)화 해서 채널을 통하여 보내려고 한다. 따라서 n개의 비트를 갖고 있는 줄 2^n개 중에서 2^m개를 선택하여 보낼 메시지를 코드화하여야 한다. 코드비율 R은

$$R=\frac{m}{n}$$

이라고 정의한다. R이 1에 가까우면 중복이 작은 것이고 R이 0에 가까우면 중복이 큰 것을 말한다. 즉 코드비율의 역수 $1/R$은 입력코드의 중복성을 나타낸다. 코드화된 줄들이 가능하면 서로 멀리 떨어지도록 코드를 설계하여야 한다. 길이가 같은 두 개의 줄(코드)에서 대응하는 비트(성분)의 숫자가 다른 비트의 총 수를 해밍거리(Hamming distance)라고 부른다.

길이가 n비트인 입력된 한 코드에서 채널의 잡음으로 인하여 np개의 비트의 값이 바뀐 코드의 총 수는 $2^{nH(p)}$ 정도이다. 여기서 $H(p)$는 확률분포가 $\{p,1-p\}$인 샤논 엔트로피이다. 입력된 한 개의 코드(줄)는 $2^{nH(p)}$개의 줄들(입력된 코드에서 반경이 np인 해밍구에 속한 코드들) 중에서 하나의 코드로 출력될 것이다. 신뢰성 있게 코드를 풀려면 입력된 코드들에 대응하는 오류 해밍구들이 서로 겹치지 말아야 한다. 만약 겹칠 경우 다른 입력코드들의 출력이 같을 수 있다. 부호해독의 모호성을 방지하려면 $2^{nR}(=2^m)$개의 오류 해밍구들의 모든 코드들의 총 수가 2^n을 초과하지 말아야 한다. 따라서

$$2^{nH(p)}2^{nR} \leq 2^n$$

또는

$$R \leq 1-H(p) =: C(p)$$

가 요구된다. 송신의 신뢰성이 있으려면 코드비율 R은 $C(p)$를 초과할 수 없다는 것을 예측할 수 있다. $C=C(p)$를 채널용량(channel capacity)이라고 부른다. 그러면 코드비율 R이 점근적으로 C가 될 가능성이 있는가?

섀넌은 그의 논문에서 R이 임의로 C에 가깝고 오류의 확률이 임의로 작게 할 수 있는 송신이 가능하다는 것을 보였다. 그의 증명은 구축적 방법이 아니라서 실제로 코드설계에는 도움이 되지는 못하지만 코드비율의 상계를 제시하였다. 현실적으로는 직접 코드를 설계하고 R과 C의 차이를 계산하여 설계한 코드의 효율성을 확인할 수 있을 것이다. 위에 설명한 2진 대칭채널의 결과는 좀 더 현실적이고 일반화된 채널로 확장 가능하다[7, 26].

정보의 내용(information content)을 정의하는 하나의 방법은 메시지가 속한 집단의 섀넌 엔트로피로 정의하는 것이다. n개의 비트로 된 메시지는 거의 $nH(p)$개의 비트로 압축시킬 수 있음을 설명하였다. 한편 1960년대 중반에 콜모고로프(Kolmogorov), 소로모노프(Solomonoff) 및 차이틴(Chaitin)은 거의 동시에 독립적으로 정보 내용에 대한 새로운 정의를 제안하였다([7]의 참고문헌 참조]. 그들은 2진 메시지가 주어졌을 때 메시지를 출력시킬 수 있는 가장 짧은 전산 프로그램의 길이를 생각하였다. 주어진 메시지에 대하여 그것을 출력시킬 수 있는 가장 짧은 전산 프로그램의 길이(비트 수)를 "콜모고로프의 복잡성(Kolmogorov complexity)" 또는 "알고리즘적 복잡성(algorithmic complexity)"이라고 부른다. 이 복잡성은 계산시간이 아니라 프로그램의 길이로 메시지를 출력시키는 것이 얼마나 어려운가를 나타내는 복잡성이다.

간단한 예를 들어보자. n개의 0으로 된 상수 수열의 복잡성은 n에 무관하다. n 개의 0을 출력하라고 하면 된다. 무리수 π의 n번째까지 비트는 간단한 급수전개로 가능하므로 n에 무관하다. 일반적으로 메시지는 무작위성을 갖고 있으므로 복잡성은 메시지 길이에 의존된다. 길이가 n인 메시지의 콜모고로프 복잡성은 n을 초과하지 않는다. 왜냐하면 메시지의 2진 수자들을 순서대로 컴퓨터에 주고 그대로 출력하라고 하면 된다.

길이가 n 인 임의의 메시지에 대하여 콜모고로프 복잡성을 계산할 수 있는가 하는 문제인데, 일반적으로 콜모고로프 복잡성은 계산 불가능하다. 길이가 n 인 메시지에 대하여 길이가 가장 짧은 프로그램을 찾는 유일한 방법은 길이가 n 보다 길지 않은 모든 프로그램들을 모아서 그 중에서 어느 것이 주어진 메시지를 출력시킬 수 있는지를 찾고, 그중에서 가장 짧은 프로그램을 찾아야 한다. 문제는 어떤 프로그램은 정지하지 않을 것이고, 우리는 일반적으로 주어진 프로그램이 정지할지 또는 정지하지 않을지(튜링의 정지문제)를 알 수 없다는 것이다.

23. 진화론(Evolution Theory)과 유전정보(Genetic Information)

유전정보체계에서 메시지는 분리되어 있고 선형이며 비트와 바이트로 측정 가능하다.
–허버트 욕키(Hurbert Yockey)–

만약 당신이 자연과학 분야의 학자들에게 인류의 과학문명과 인간 사고의 대변화를 가져오는데 가장 크게 공헌한 과학 분야의 저서나 논문이 무엇인가를 질문하였다고 하자. 질문이 약간 막연하고 모호하여 그 대답은 전공분야와 개인적인 견해에 따라서 다를 수 있다. 하지만 물리과학 분야의 대다수 학자들이 뉴턴의 "프린키피아(1687)"를 선택하리라는 것을 예상할 수 있다. 그러면 생명과학 분야의 학자들이 어느 서적 또는 논문을 선택할지 궁금하다. 여러 가지를 고려할 때 나는 많은 학자들이 1859년에 초본이 출판된 찰스 다윈(Charles Darwin, 1809-1882)의 『종의 기원(The Origin of Species)』을 선택하리라고 생각한다.

다윈은 그의 책 『종의 기원』에서 생명체의 모든 종들은 캄브리아기(Cambrian epoch) 이전의 공통의 조상으로부터 내려왔으며 자연선택(natural selection)이라는 과정을 통하여 진화를 하여 종들이 갈라졌다는 과학적 이론을 제시하였고 그 이론을 뒷받침 할 여러 가지 근거자료들을 제시하였다. 그러나 자연선택 과정이 유전학적으로 어떻게 일어날 수 있는가를 이해하기 위해서는 1950년대까지 일세기 정도의 시간이 흘러야 하였다.

기록에 의하면 다윈은 케임브리지 대학교에서 신학으로 학위를 받았으나 신학보다는 동식물학과 자연역사에 관심이 있었다고 한다. 1831년 22세 나이에 그는 해양탐사선 비글호(HMS Beagle)에 선장의 대화 동반자 자격으로 승선할 수 있었다. 그 후 그는 5년 동안 항해를 하면서 남미의 브라질, 칠레 그리고 태평양의 갈라파고스 군도의 여러 섬들을 방문하여 많은 양의 지질표본, 화석 및 동식물의 표본들을 수집하였다.

1836년 영국으로 귀국 후 그는 비글 항해에서 모은 자료들을 정리하는데 거의 6년이 걸렸고, 1842년에야 그는 새로운 이론의 개략을 쓰기 시작하여 2년 후 그의 개략서를 230쪽으로 확장하여 노트에 정리하였다고 한다. 그리고 다윈은 이상한 행동을 하였는데 그는 18년 동안이나 그의 이론을 정리한 노트를 치워놓고 다른 일을 하는데 시간을 보냈다고 한다 [5]. 아마 그의 이론이 불러올 후폭풍이 염려되었을 것이다.

보통 전해오는 이야기는 다윈이 갈라파고스 군도의 여러 섬을 방문하였을 때 갈라파고스 핀치(새)의 주둥이가 각 섬의 먹이자원을 활용하기 편리하도록 변형된 것에서 그의 진화론의 영감을 얻었다는 것인데 당시 다윈은 젊고, 경험도 부족하고 또 조류학에 관한 지식이 부족하여 그 사실을 알지 못하였다고 한다. 귀국 후 그가 자료정리를 하는 동안 조류학자인 그의 친구 존 굴드(John Gould)가 갈라파고스 새들은 한 종의 여러 형태들이라는 것을 다윈에게 말하였다고 한다. 그리고 적자생존을 통한 진화원리의 기본개념은 이미 몇 사람들에 의하여 제안되어 있었다[5].

다윈의 원고가 햇빛을 보지 못하고 사장될 뻔하였는데, 다윈은 1858년 초여름 인도네시아로부터 그의 젊은 친구인 알프레드 월러스(Alfred Wallas)에게서 편지와 논문 사본이 포함된 소포를 받게 되었다. 월러스의 원고에는 자연선택 이론의 개요가 서술되어 있었고 그것은 다윈의 이론과 놀랍도록 비슷한 내용이었다. 다윈은 수년간의 조심스럽게 꾸준하고 체계적인 사고에 의하여 그의 이론을 만들었지만 월러스는 신선한 통찰력으로 그의 이론을 제안하였다. 다윈은 자연선택 이론의 우선권 문제로 고민을 하게 되었고, 그래서 그의 친구인 찰스 라이엘(Charles Lyell)과 조셉 후커(Joseph Hooker)에게 편지로 그 문제를 의논하였다. 그의 친구들은 다윈과 월러스의 아이디어의 개요를 학회에 제출하여 학술회의에서 발표되도록 하였고, 1958년 7월 1일에 다윈과 월러스의 이론은 세계에 알려지게 되었다. 월러스는 겸손하여 자신의 의견이 학술회의에서 발표된 것에 만족하였고 진화론을 "다윈주의(Darwinism)"이라고 불렀다고 한다[5]. 정확한 의미에서 진화론은 다윈의 진화론보다는 "다윈-월러스의 진화론"이라고 부르는 것이 옳은 것 같다는 생각이 든다. 하여간 다윈은 그의 원고를 정리하여 1년 후 책으로 출판하였다.

종의 기원이 출판된 후에 진화론은 사회에 많은 논란을 불러 일으켰다. 종교계에서는 "인류의 조상이 원숭이일 가능성"을 도저히 받아들일 수가 없었으며 학계에서도 여러 가지 이유에서 진화론 자체에 대하여 반대의견들을 제시하였다. 한 예로서 위스키 한잔과 물 한잔을 섞으면 알코올 농도가 떨어지는 것과 같이 유전도 혼합적으로 이루어지므로 생존에 적합한 유전자도 여러 세대가 지나면 흐려져서 자연선택이 일어날 수 없다는 의견이다. 다윈도 유전이 혼합적이라는 것을 믿었다고 한다. 한편 오스트리아 제국(현재 체코 공화국)의 수도사였던 그레고르 멘델(Gregor Mendel, 1822-1882)은 브르노에 있는 수도원에서 수년에 걸친

완두콩 실험으로 키가 큰 완두콩과 키가 작은 완두콩을 교배시켰을 때 키가 큰 콩과 키가 작은 콩이 나타나는 비율이 3:1이라는 멘델법칙을 발견하여 유전이 선택적으로 일어난다는 것을 1865년 학회에 발표하였고 그 보고서가 출판되었다.

불행히도 현대 유전학의 아버지라고 불리는 멘델의 실험결과는 20세기 초에 재발견이 될 때까지 사람들의 주의를 끌지 못하였다. 20세기에 진화론에 대한 증거자료들이 많이 축적되고 유전학과 분자 생물학의 발달, 특히 DNA라고 하는 디옥시리보핵산(Deoxyribonucleic acid)의 유전정보 체계의 이해 등으로 진화론은 대중에 의하여 받아들이게 되었고 종교계의 다수의 인사들도 "성경은 우리에게 어떻게 하늘에 갈 수 있는가를 가르쳐 주지만 하늘이 어떻게 가는가를 가르쳐 주지 않는다(The Bible teaches us how to go to Heaven, not how the heavens go.)"라는 견해에 동의한다[46].

모든 생물은 지구상에서 가장 특이한 화학물질(분자)이라고 하는 DNA를 갖고 있다. 우리 몸에는 약 천조 개의 세포들이 있고 거의 모든 세포의 핵에는 길이가 약 2미터 정도의 사슬형태인 DNA가 비집고 들어 있다. DNA 사슬은 모든 정보가 기록되어 있는 약 32억 개의 부호글자의 염기서열(sequence)로 구성되어 있다. 한 유전자(gene)는 염기서열의 한 부분에 그리고 유전자 전체(Genome)는 염기서열 전체에 기록되어 있다. 인간의 유전자들은 쥐의 유전자들과 90퍼센트가 같다고 하고 인간끼리는 99.9퍼센트의 유전자들이 같다고 한다. 나머지 0.1퍼센트가 각 개인의 개성을 결정한다고 하니 신기한 일이다. DNA가 유전정보를 보관하는 물질이라는 것은 1943년 오스왈드 애버리(Oswald Avery)의 연구진의 실험을 통하여 처음으로 추정되었고 이들의 추측은 1952년 알프레드 허쉬

(Alfred Hershey)와 마사 체이스(Martha Chase)의 실험으로 확인되었다. 그리고 1953년 제임스 왓슨(James Watson)과 프랜시스 크릭(Francis Crick)은 네이처에 실린 짧은 논문(2쪽)에서 DNA의 이중나선(double helix) 구조와 염기서열에 유전정보 메시지가 있다는 것을 발표하였다.

유전정보체계와 유전자 발현을 이해하기 위하여 DNA의 구조를 간략하게 살펴보자. DNA 이중나선(double helix)구조는 마치 사다리를 비틀어 꼬아놓은 형태로서 나선을 이루는 뼈대(backbone chain)와 염기(nucleobase)로 구성되어 있다. 이중나선을 똑바로 펴면 아래 그림과 같은 구조가 된다.

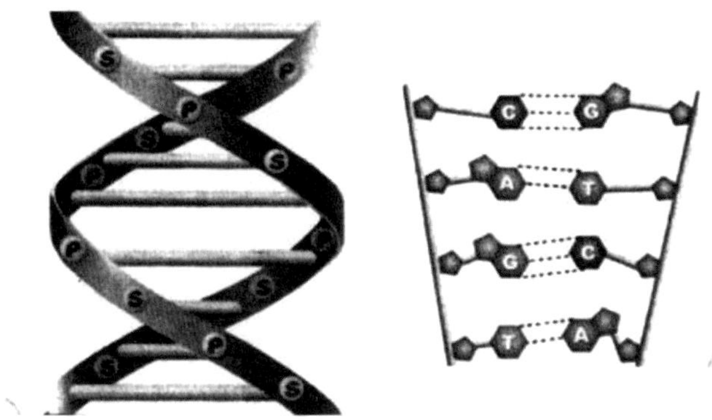

[그림 23.1] DNA의 구조와 수소결합

사다리의 두 다리에 해당하는 뼈대는 단당류인 디옥시리보오스(Deoxyribose)와 인산기(Phosphate)로 구성되어 있고 사다리의 발판은 염기에 해당한다고 할 수 있다. 염기는 아데닌(Adenine; A), 구아닌(Guanine; G), 시토신(Cytosine; C), 티민(Thymine; T)(RNA는 T 대신에 우라실 U)의 4종이 있다. DNA의 이중나선구조에서 A는 반드시 T와, 그리고 G는 반드시 C와 마주보고 수소결합을 하여 짝을 이루어 존재한다.

이러한 염기쌍끼리 결합을 DNA의 상보성이라 하고, 이 상보적인 결합으로 DNA의 각 가닥은 완전한 유전정보를 갖고 있다. 세포분열 시 DNA의 수소결합이 분리되어 각 가닥은 새로운 DNA의 바탕이 되어 새로운 나선구조가 합성된다. 이것을 DNA의 복제(replication)라고 한다.

유전자가 그 기능을 발휘하기 위해서는 유전정보로 단백질을 합성하여 단백질 작용으로 유전효과가 나타나야 한다. 우리 몸에는 거의 백만 종류의 단백질이 있다. 한 단백질을 만들기 위해서는 생명의 건축벽돌(the building blocks of life)이라고 불리는 아미노산들(amino acids)을 정확한 순서에 따라서 결합시켜야 한다. 우리 몸에 많이 있는 콜라젠(collagen)은 1055개의 아미노산들로 구성되어 있다. 아미노산의 종류는 22개(생명체에는 20개)가 있다. 단백질 형성과정에서 DNA의 유전정보는 전령 RNA(mRNA)에 전사(transcription), RNA 언어로 번역되어 기록된다. RNA의 알파벳 A, G, C, U의 3중 조합(triplet), 예를 들면 GGU을 코돈(codon)이라고 부르며 각 코돈은 아미노산 종류를 결정한다. 코돈의 종류는 4×4×4=64개이므로 22종류의 아미노산 코돈표현은 중복(중첩)되어 있다([46]의 표 2.2). 이와 같은 유전정보 코드는 우크라이나 출신의 미국 물리학자 조지 가모(George Gamow)가 1954년에 처음으로 예측하였다. 아미노산의 코돈 중복표현은 잡음(noise)으로부터 유전정보 손상을 방지하는데 주요한 역할을 한다. DNA 유전정보가 RNA로 전사되고 단백질로 바뀌는 변혁(translation)과정에 대한 설명은 생략한다. 다만 지적하고 싶은 것은 유전정보체계를 정보이론에서의 정보체계에 대응시키면서 설명할 수 있다는 것이다([46], 5장 참조).

그러면 자연선택에 의한 진화를 유전학적으로 어떻게 이해할 수 있는가? 유전형질의 변화는 유전자의 변화를 말하며 유전자 변화의 원인은 돌연변이(mutation)와 생식에 의한 DNA 재조합 등이 있다. 돌연변이는 방사선, 바이러스, 돌연변이 화학물질, DNA 복제과정에서의 오류 등에 의하여 DNA 염기서열의 변화이다. 돌연변이의 대부분은 해로운 것으로서 생존될 수 없거나 치료되며 이로운(유리한) 돌연변이는 세대를 거듭하면서 인구집단으로 확산된다. 자연선택은 생존과 재생산이 높은 유전 돌연변이가 세대를 거치면서 인구집단에 확산되는 과정이라고 하겠다.

DNA는 생명체 속에 있는 가장 비반응적이고 화학적으로 비활성 분자 중의 하나이다. 우리 몸에 있는 DNA의 97퍼센트는 보통 쓰레기(junk)라고 불리는 글자들의 무리로서 우리 몸을 위하여 아무 역할도 하지 않는다. 그것은 DNA의 복제과정에서 쉽게 복제가 되기 때문에 존재할 뿐이다. 즉 우리 몸속에 있는 각 DNA의 대부분은 우리를 위하여 있는 것이 아니라 DNA 자신을 위하여 봉사한다. 우리는 DNA를 재생시키는 기계이고 번식을 통하여 그것들을 퍼트리는 도구에 불가하다고 생각할 수 있다(도킨스(Richard Dawkins)의 이기적인 유전자(The Selfish Gene) 참조).

지구상의 모든 (멸종되었거나 살아서 남아 있는)생물들의 종들은 약 38억 년 전 공통의 조상으로부터 자연선택 과정을 거쳐 진화하였고 또 진화하고 있다는 것을 어느 정도 이해할 수 있다고 하자. 그러면 공통의 조상, 즉 생명(life) 그 자체는 어떻게 탄생되었을까? 비록 유전정보는 DNA에서 단백질로 전달되지만 많은 생물학자들은 단백질이 먼저 생겼다고 믿는다[5, 46]. 한 종류의 단백질은 정확한 순서에 따라 아미노산들로 합성되었다고 하였다. 적당한 환경에서 아미노산들이 만들어지는 것은 어려운 일이 아니라고 한다. 문제는 단백질이다. 자연상태에서 단백질의 합성은 (거의) 불가능하다. 주어진 아미노산들로 콜라젠이 합성될 확률은 우주의 모든 원자들 중에서 특정한 한 원자가 선택될 확률보다도 더욱 작다. 그래서 어떤 학자들은 단백질이 한 번에 합성된 것이 아니라 누적되는 선택과정을 거처 아미노산들이 단백질로 합성되었다고 제안한다. 적은 수의 아미노산들의 합성이 먼저 이루어지고, 그들 사이에 유리하고 효율적인 것 끼리 연결되고, 이러한 연결되는 단계를 몇 번 거친다는 것이다. 그리고 다른 제안들도 있으나 제안들일 뿐이며 아직까지 확인된 것은 없다. 우리는 아직도 생명의 기원에 대하여 아는 것이 별로 없다 [46].

24. 연구: 그 고통과 기쁨

연구실 의자에 앉아서 어두워지는 창밖을 바라보며 생각에 잠겨 있다. 지난 수개월 동안 증명하고자 하는 수학적 관계(부등식)를 여러 가지 동등한 형태로 변형시키면서 가능성이 있다고 생각되는 연구방법들을 동원하여 증명하려고 하였으나 아직 그 증명에는 이르지 못하였다. 관심대상인 물리계의 수학적 모델에서 고려하고 있는 부등식이 성립하는 것은 극히 자연스러운 것이라고 생각한다. 오래전(약 20년 전)에 대칭성조건이라는 특수한 조건 아래서 대응하는 부등식이 성립하는 것을 보였었고 그 결과를 사용하여 수학적 모델의 이론을 구축하였고 여러 가지 성질들을 규명하였었다. 그 후 대칭성조건을 만족시킬 필요가 없는 좀 더 일반적인 경우로 그 결과들을 확장하려고 여러 번 시도하였고, 그 중심에 부등식의 증명이 있었으나 그 증명은 내가 쳐 놓은 그물망을 계속 빠져나가고 있다.

저녁 늦게 버스로 퇴근하면서 의자에 앉아 그동안의 증명과정에서 무엇이 부족하였는가를 하나씩 점검해본다. 좀 아쉬운 일이지만 새로운 아이디어가 떠오를 때까지 이번에도 이 문제를 접어두고 다른 문제로 넘어가야 할 것 같다. 창밖을 내다보니 아직 하차할 정류소를 지나치지 않아서 다행이다. 처음 자가용을 구입한 몇 년 동안 자가용으로 출퇴근을 했었다. 그런데 퇴근을 할 때 자택이 있는 평창동을 지나쳐서 북악터널을 통과하는 일이 가끔씩 있었다. 그러한 일이 자주 있지는 않았지만 교통사고도 피할 겸 또 운전하는데 신경을 쓰지 않고 편하게 생각을 하기 위하여 그 후 출퇴근을 하는데 대중교통을 주로 이용하고 있다.

수학 분야를 연구하면 연구하는 장소와 시간에 어느 정도는 자유로울 수 있다. 물론 연구하는데 필요한 전문서적, 학술지, PC 등이 있고 또 학생지도와 강의준비로 연구실에서 많은 시간을 보내지만, 연구문제를 충분히 이해하고 필요한 정보를 알고 있으면 어디서나 또 어느 때나 문제해결에 집중할 수가 있다. 특히 연구 분위기를 바꾸고 발상의 전환이 필요할 때는 대학 캠퍼스나 공원을 산책하거나 주말에 등산 또는 도보여행을 하는 것이 도움이 될 수 있을 것이다. 1980대 후반 프린스턴대학교에 방문교수로 있을 때 고등연구소 세미나에 참가하고 돌아오는 도중 동료교수가 반 농담으로 한 이야기가 기억난다. 1930년대 고등연구소 설립 초기에는 연구소가 있는 지역은 숲이 많이 있는 시골이었고, 숲길 여기저기에 "경고. 천재들이 배회하고 있으니 주의요함"이라고 쓴 표시판이 세워져 있었다고 한다. 그 당시에는 사냥철에 그곳에서 사냥이 허용되었던 모양이다. 그 이야기가 어디까지 진실인지는 모르겠지만, 아마도 연구소 교수들과 방문교수들이 한가한 오후나 주말에 숲속 길을 산책하거나 도보여행을 많이 하였다는 것을 비유한 말일 것이다.

연구를 하다가 보면 뜻하지 않은 장소와 시간에 문제의 해결이 순간적으로 떠오를 때가 가끔 있었다. 1998년 초가을 어느 토요일 오전에 국도 6번 도로를 자동차로 달리고 있었다. 그동안 연구로 피곤해진 몸과 마음도 쉴 겸 또 고향에 처리할 일도 있고 하여 양평 시골에 있는 고향마을을 찾아 가는 중이다. 지난 3년 동안 양자 디리클레 형식(quantum

Dirichlet form)의 일반적인 형태를 찾기 위하여 많은 시간을 소비하였다. 1990대 중반 유럽 학자들에 의하여 양자계의 확산과정의 기본이론인 양자 디리클레 형식의 수학적 틀과 일반 이론은 개발되었고 양자 디리클레 형식이 만족시켜야 할 조건들(4개의 필요충분조건)이 밝혀졌다. 그러나 필요한 조건들을 만족시키는 디리클레 형식의 구조와 일반적인 형태는 밝혀지지 않았었다. 형식 이론의 완성도를 높이고 또 구체적인 양자 물리계(들)의 확산과정을 건축하기 위해서는 디리클레 형식의 일반적인 형태를 찾을 필요가 있었다. 그동안 많은 시행착오를 거쳐 지난주까지 얻은 부분적인 연구결과는 특수한 조건들을 만족시키는 해석함수를 사용하여 적분형태로 디리클레 형식을 만들면 형식이 만족시켜야 할 모든 조건들을 만족시킨다는 것이다. 요구하는 특수한 조건들을 만족시키는 해석함수를 허용함수(admissible function)라고 부르면 문제는 허용함수가 존재하느냐 하는 것으로 귀착된다. 운전을 하는 동안에 나도 모르는 사이에 허용함수를 찾는 것을 생각하고 있었다. 그런데 갑자기 생각이 떠오른다. 가우스 분포함수와 쌍곡 세크(세칸트)함수는 푸리에 변환에 의하여 그 형태가 불변하니까…, 두 함수의 합성 곱(convolution)은 허용함수가 되는구나. 아하. 바로 그거야! 드디어 양자 디리클레 형식의 일반적인 형태의 구축이 완성되었구나. 그동안 자동차는 양수대교를 지나 용담대교 위를 달리고 있는 중이다. 용담대교를 지나 차를 갓길에 세우고 생각한 것들을 차근차근 다시 점검하여 확인해 본다. 그리고 차 밖으로 나와서 크게 심호흡을 하고 남한강을 바라본다. 오늘은 강이 더 푸르고 날씨는 더 화창한 것 같다.

내 경험에 의하면 연구 활동 중에서 가장 어렵고 중요한 것은 어떠한 연구문제를 찾느냐 하는 것이다. 물론 각 연구 분야에서 잘 알려진 중요한 문제들, 소위 열린 문제들(open problems)이 많이 있기는 하지만 일반적으로 이 문제들은 매우 난해한 문제들이다. 열린 문제들에 도전하여 볼 값어치가 있고 또 도전하여야 하겠지만 그 결과를 기대하기가 힘들어 모든 연구시간을 이 문제들에 투자하는 것은 위험한 일일 것이다. 한편 각 세부 연구 분야가 발전하는 과정에서 자연스럽게 문제들이 도출되고 또 앞으로 그 분야가 더욱 발전하기 위해서는 반드시 해결하여야 할 문제들이 제기된다. 이러한 문제들 중에서 해결가능하다고 생각되는 문제들을 연구과제로 선택하는 것이 합리적일 것이다. 그러기 위해서는 해당 연구 분야의 연구동향을 자세히 파악하고 이와 관련된 정보를 수집하는 것이 필요하다. 그러나 연구 활동을 막 시작하는 신진학자들에게는 해당 연구 분야의 연구동향과 최근 연구결과들에 대한 정보를 수집해서 의미가 있고 해결 가능한 문제들을 선택하는 것이 쉽지 않을 수 있다. 그래서 박사학위를 받은 후 약 5년 동안에 독자적인 연구능력을 향상시킨 정도에 따라서 좋은 학자로 성장해 가거나 아니면 경쟁에서 낙오되는 것이 결정된다는 이야기가 있다. 수학에 타고난 재능이 있어 처음부터 두각을 나타내는 천재들과 유능한 지도교수로부터 훈련을 받은 후 연구 활동이 활발한 연구진에 합류하는 선택받은 사람들을 제외한다면 대부분의 신진학자들은 혹독한 과정을 거치면서 독자적인 연구 능력을 쌓아가게 된다.

관심이 있고 또 의미가 있다고 생각되는 문제들을 중심으로 하여 관련 자료들을 조사하고 여러 가지 해결가능성을 모색하다 보면 어떤 문제(들)에 대하여 그 해결가능성이 보이기 시작한다. 어떤 단계를 거쳐 원하는 결과에 도달할 수 있고 필요한 보조정리들과 그것들을 증명할 수 있는 방법이 무엇인가를 찾다보면 문제해결에 도달할 때가 있다. 일반적으로 연구는 지루하게 장시간에 걸쳐 힘들게 이루어지지만 모든 연구가 다 그러한 것은 아니다. 일반적이고 추상적인 대상에 대한 연구결과와 연구방법은 구체적 대상(물리계)에 응용이 가능하다. 물론 구체적인 대상의 특수한 성질(들)은 따로 밝힐 필요는 있다. 그리고 매우 드문 일이기는 하지만 인접 연구 분야의 흥미 있는 논문을 읽다가 보면 그 논문에서 미쳐 해결하지 못한 문제를 기초적인 방법으로 해결할 수 있을 때가 가끔 있었다. 그런 일이 자주 있으면 얼마나 행복할까 하는 생각도 해본다. 한 연구 분야에서 어느 기간 동안 연구를 하다가 보면 그 분야에 대한 흥미가 감소될 수도 있고 또 해결가능성이 있는 문제들을 찾기가 점점 어려워 질 수가 있다. 그러면 관심이 있는 인접 연구 분야로 옮겨가서 새롭게 둥지를 튼다. 이러한 일을 반복하다 보니 마치 큰 연구 분야를 여행하고 있는 느낌이 들 때가 있다.

우리 세대에 물리학이나 화학 분야를 연구하는 학자들 중에서 많은 학자들이 청소년 시절에 기계들을 분해해보고, 전자부품을 구입하여 라디오를 조립하거나 여러 가지 화학약품을 이리저리 배합하여 본 경험이 있었다고 한다[34]. 파인만 교수의 자서전에 따르면 파인만 교수는 중고등학교 시절에 집에 실험실을 차려놓고 라디오 조립은 물론 이웃집의 고장이 난 라디오나 전화기를 고쳐주었다고 한다. 그가 후에 양자 전자역학 이론을 개발하고 발전시킨 것은 우연한 일만은 아닐 것이다. 불행이도 내게는 그러한 경험이 없었다. 1940년대 내가 태어난 시골마을에는 전기가 들어오지 않았을 뿐만 아니라 아직도 시골은 석기시대를 완전히 벗어나지 못하고 있었다. 시골에서는 물레방아, 연자방아, 절구 등이 사용되고 있었고 우리 마을의 문명의 기계라고는 우리 집에 있었던 벽시계와 재봉틀 정도가 전부였다. 초등학교가 있었던 지평에는 면사무소와 기차역(중앙선)은 있었으나 전기는 들어오지 않았었다. 한국전쟁 중에 초등학교를 포함해서 지평과 고향마을의 대부분의 건물과 집들은 불로 소실되었고, 그래서 초등학교와 (새로 생긴) 중학교를 다니는 동안 가마니를 깐 땅바닥에서 수업을 받았던 일이 생각이 난다. 집에서 고개를 넘어 학교를 다니는 동안 매우 궁금하였던 것은 고개 마루에서 서북쪽에 멀리보이는 용문산(정상)까지의 직선거리가 어마일까 하는 것이었다. 그 거리를 직접 재볼 수는 없는 일이지 않은가? 중학교 때 거리측량방법, 즉 직각삼각형에서 밑변의 길이와 밑변과 빗변 사이의 각도를 알면 높이와 빗변의 길이를 알 수 있다는 아주 평범한 사실을 배운 후 수학에 흥미를 갖기 시작하였다. 그 후 고등학교와 대학교 교육을 받기 위해 서울에서 유학을 하였다. 대학교에서 물리학을 전공하였으나 기계와 전기기구에 대한 경험부족은 나로 하여금 물리실험에 어려움을 느끼게 하였다. 결국 수학에 대한 매력과 물리학에 대한 미련 때문에 수학과 물리학의 공통영역인 수리물리학 분야를 선택하게 되었다. 실험 물리에 대한 이해 부족으로 내 자신은 좋은 물리학자는 되지 못하였다. 그동안 정보통신기술의 발달과 PC의 대중화로 최근에 많은 청소년들이 인터넷을 통하여 컴퓨터 게임을 즐기고 있다. 현재 청소년들이 성장해서 과학자가 된다면 우리 세대의 과학자들과는 다를 것이라는 생각이 든다. 그들이 어떤 종류의 과학자가 될지 궁금하다.

연구를 하는 것이 힘들고 고독한 작업이기 때문에 가장 바람직한 연구 형태는 같은 연구주제에 대하여 관심을 갖고 있는 2명 또는 3명이 공동연구를 추진하는 것이다. 공동연구를 하는 학자들이 연구과정에서 제기되는 문제점과 그 해결 방법에 관하여 정기적으로 만나서 토론을 하거나 또는 통신수단을 이용하여 의견을 나누면 효과적인 연구 수행을 할 수 있고 심리적인 안정감도 갖게 될 것이다. 최근에는 교통과 통신수단의 발달로 대다수의 연구가 공동연구로 이루어지고 있는 것을 알 수 있다. 나의 연구생활 초기에는 지리적으로 격리되어 있어 3번 정도를 제외하고는 단독연구를 할 수밖에 없었다. 그래서 나와 공동연구를 (편지로) 수행하였던 육 프뢰리히(Jürg Fröhlich; ETH 교수)가 "당신은 동양의 특이점

(singular point)이다."라고 이야기를 한 적이 있다. 시간이 지나면서 나도 제자들을 배출시켜 작은 연구진을 만들 수 있었고 연구원들이 매주 세미나에 참석하여 발표도 하고 공동연구를 할 수 있었던 것은 다행스러운 일이었다.

1970년대와 80년대에 국내에서 활동하였던 수학자들(또는 과학자들)에게 가장 어려웠던 것은 지나친 강의 부담(주 15시간 정도)도 있었지만 그것 보다는 연구에 필요한 정보를 얻는 것이 쉽지 않았다는 것이다. 당시 국내에는 연구 분야의 전문 학술지들을 거의 찾아볼 수 없었고, PC와 인터넷이 아직 보급되지 않아 정보 수집이 매우 어려웠다. 특히 실험과학 분야의 학자들은 실험에 필요한 실험기구의 구입 및 공간 확보 등으로 더욱 힘들었을 것이다. 정보수집의 거의 유일한 방법은 외국 학자들과 연구결과들의 견본인쇄(preprints)를 우편으로 서로 주고받는 것이었다. 나는 다행이 연구 분야의 선배와 동료 교수들의 도움으로 미국, 독일, 불란서의 대학교와 연구소에 방문교수로 있으면서 연구활동을 할 수 있었고 국제 학술회의에 참여하여 학술교류를 할 기회가 있어 연구에 많은 도움이 되었다. 20세기 후반을 지나 21세기를 들어오면서 우리나라는 후진국을 탈출하였고 중진국을 지나 선진국에 진입하려고 한다. 그동안 국내 수학분야에도 많은 변화가 있었다. 수학 분야는 연구비를 포함하여 연구 환경이 점차 개선되었고 연구 인력의 증가와 유능한 젊은 학자들의 활발한 연구 활동으로 비약적인 발전을 거듭하고 있으며 수학 발전에 공헌하고 있다. 그리고 수학의 각 연구 분야는 국제학술회의를 국내에서 개최하여 활발한 학술교류가 이루어지고 있다. 특히 2014년에 열리는 제27회 국제 수학자 대회(ICM: International Congress of Mathematicians)를 서울에서 개최하게 된 것은 매우 경사스러운 일이다. 4년마다 개최되는 국제 수학자 대회는 기초과학 분야에서 가장 오래됐고(1회, 1897년

스위스 취리히), 가장 크고 권위 있는 학술대회이다. 수학의 노벨상이라고 불리는 필즈상(Fields Medal)도 이 대회에서 수여된다. 지금까지 가장 유명하였던 대회는 힐버트(Hilbert)가 소위 "힐버트 문제들"이라고 불리는 23개 수학문제들을 제시하였던 1900년 파리 대회일 것이다. 파리 대회 이후 국제 수학자 대회는 2차 세계대전 동안을 제외하고는 매 4년마다 열리고 있다. 이 대회를 서울에 유치하게 된 것은 국제 수학계에서 한국 수학계의 위상을 어느 정도는 인정을 받고 있다는 것일 것이다. 이 기회가 계기가 되어 한국 수학계가 더욱 발전하여 수학 발전을 선도하는데 동참하며, 더 나아가서 인류문명의 발전에 크게 기여할 수 있기를 바란다.

맺는말

자연과학이 다른 학문분야와 비교해서 빠른 속도로 발전하고 있는 이유는 무엇인가? 그 이유는 자연과학이 누적학문이라는 것과 수학적 언어를 사용한다는 것이라고 말할 수 있을 것이다. 과학은 과학적 혁명을 통하여 기존의 이론을 새로운 이론으로 대치하면서 발전한다고 하였지만 필요한 경우 기존이론과 새로운 이론을 함께 사용하며 그리고 새로운 이론이 체계적이고 완성된 이론으로 발전하려면 오랜 기간 동안 많은 연구를 통하여 다듬어져야 한다. 따라서 넓은 의미에서 과학은 누적학문이라고 할 수 있다. 더욱 중요한 이유는 "자연과학에서 수학의 비합리적일 정도의 효율성"이라고 위그너 교수[45]가 표현하였듯이 과학의 언어로서 수학은 매우 효율적이고 합리적이라는 것이다. 우리가 보통 사용하는 국어나 영어 같은 자연언어는 각 단어의 의미의 다중성과 문법의 모호성으로 과학적 개념을 정확히 표현하는데 한계가 있고 과학적 양을 정량화하는데 어려움이 있다.

인간이 다른 동물과는 달리 예술이나 추상수학을 할 수 있는 능력은 우리 두뇌의 어느 구조에서 생기는 것인가 궁금하다. 파충류에서 포유류를 거쳐 영장류인 인류로 진화하는 과정에서 뇌의 구조는 구조 자체가 진화 한 것이 아니라 파충류의 뇌 외부에 한 층의 포유류의 뇌가 쌓였고 포유류의 뇌의 외벽에 또 한 층의 영장류의 뇌가 쌓였다고 한다. 즉 개나 돼지의 뇌와 인간의 뇌의 차이는 케이크에 살짝 바른 크림 정도라고 한다. 특히 영장류에 속한 침팬지와 인류의 뇌는 비록 그 크기에 차이가 있지만 구조의 차이는 아주 작다고 한다. 이러한 조그만 차이가 인간이 말을 할 수 있고 예술 활동을 하며 합리적이고 논리적으로 생각할 수 있는 능력을 우리에게 주었다는 것은 실로 경이로운 일이다. 간단히 정리를 해 보면 인간의 뇌는 파충류와 포유류의 뇌에 해당하는 내부의 원시적인 뇌와 뇌의 표면에 주름이 잡혀 있는 대뇌피질(cerebra cortex)로 되어 있다. 내부의 원시적인 뇌는 종족번식, 소유욕, 지배욕과 같은 인간의 동물적 본능을 지배하며, 외부의 대뇌피질은 인간의 언어능력, 기억, 학습과 사고 등 인간의 이성을 지배한다고 한다. 이와 같은 뇌의 진화적인 결합이 때때로 인간을 욕망과 이성 사이에서 갈등을 하게 하는 요인이라는 생각이 든다.

수학이나 과학을 이해 할 수 있는 잠재능력을 대부분의 사람들이 갖고 있을까 아니면 사람마다 능력의 차이가 있는가를 생각해 본다. 좀 실망스러운 이야기지만 어느 정도 교육을 받은 사람들 중에서 80 내지 90퍼센트의 사람들이 수학을 싫어한다고 한다. 그 이유는 잘못된 수학교육의 방법에 있다고 주장하는 학자들이 있다. 어느 정도는 맞는 이야기일 것이다. 꾸준히 수학의 교육방법과 교육내용을 개선하고, 학생들에게 생활과 직접 관련이 있는 쉬운 예들을 보여주면서 교육내용을 좀 더 쉽고 친절하게 가르치면 어느 정도까지는 학생들의 수학실력과 수학에 대한 흥미와 관심을 끌어 올릴 수 있을 것이다. 문제가 되는 것은 수학의 특성이라고 할 수 있는 일반화와 추상화 과정을 대다수의 학생들이 어렵다고 생각하는 것이다. 그래서 음악이나 미술에 대한 재능이 사람마다 차이가 있는 것과 같이 수학에 대한 재능도 사람마다 다를 수 있다는 생각이 든다. 분명히 수학적 재능이 있는 사람은 수학을 보는 능력이 있고 그 능력을 수학적 직관 또는 수학적 감각이라고 부를 수 있을 것이다.

우리는 본문에서 수학과 물리학의 특성에 대하여 검토하여 보았고 결정론적인 고전역학의 예측가능성과 혼돈계, 시공간에 대한 인식 변화와 상대론, 그리고 비가역성에 대한 볼쯔만의 해법에 대하여 살펴보았다. 고전역학적인 상식이나 직관으로는 이해하기 힘든 양자역학의 일반 형식과 불확정성 원리 및 EPR 실험의 의미와 양자 복제와 테레포테이션 문제를 검토해 보았고, 다루고 있는 계의 무작위성 또는 무질서를 측정하는 양으로 여러 가지 엔트로피가 도입됨을 보았다. 그리고 평형 통계역학과 이와 관련된 상전이 현상과 대칭 파괴을 검토하였다. 수학분야에서는 서로 밀접한 관계가 있는 괴델의 불완전성 정리, 튜링의 정지문제, 그리고 정보이론에서 콜모고로프 복잡성에 대하여 정리하여 보았고 그 의미에 대하여 생각해 보았다.

증명 불가능한 수학적 진실들과 계산 불가능한 수학문제들이 우리가 생각하는 것보다 더 넓게 퍼져 있는 것 같고 그 경계선도 모호하여 형식론적 수학방법의 한계에 대하여 다시 한번 생각하게 한다[5]. 이를 극복하는 방법으로는 이미 많은 수학자들이 제안하는 것과 같이 컴퓨터의 도움을 받는 증명방법과 리만 가설과 같이 비록 증명은 되지 않았지만 컴퓨터로 여러 번 검증된 가설들을 받아들이고 이를 사용하여 다른 수학문제의 성질을 규명하는 “실험수학”을 수학의 한 분야로 받아들이는 것 등일 것이다.

지난 세기 동안 과학기술의 급속한 발전은 우리 사회에 많은 변화를 가져왔다. 인류는 많은 질병과 굶주림으로부터 어느 정도 해방되어 수명이 연장되었고 교통 및 통신수단의 발달은 생활의 편리함을 주었다. 한편 과학기술의 발전은 핵무기문제, 이산화탄소의 과도한 배출로 인한 지구 온난화문제, 산업 쓰레기로 인한 환경오염문제 등을 일으켰다. 그리고 최근 생명과학의 발전으로 인한 인간복제 가능성 등 도덕적 또는 종교적인 문제가 심각하게 제기되었다. 한편 많은 사람들이 빠른 사회적 변화를 따라가지 못하고 지나간 시절의 좀 더 여유로운 생활이 그리워 현재 생활을 불행하다고 생각하게 되었다. 그래서 이러한 문제들을 해결하기 위하여 사람들은 "자연으로 되돌아가자"라고 한다. 되돌아간다는 것이 무슨 의미인지는 잘 모르겠지만 과연 되돌아갈 수 있을까?

사람들은 과학자들이 과학의 연구결과에서 제기될 수 있는 문제들에 대하여 좀 더 책임감을 갖고 연구하기를 바란다. 그러나 최근의 생명과학 분야를 제외한다면 기초과학을 연구하는 과학자들의 대부분은 도덕적 문제에 대하여 무관심하다. 수학이나 기초과학에 대한 연구는, 가끔 연구결과에 대한 보상도 있지만, 매우 어렵고 힘든 일이다. 문제해결에 대한 강한 욕구와 집념 없이는 일생동안 연구를 계속할 수 없을 것이다. 그리고 대부분의 과학자들은 자신의 연구결과가 먼 훗날 어떻게 응용되는가를 잘 알지 못하고 그것에 대한 관심도 별로 없다. 1920년대 양자론을 개발하고 발전시키는 데 참여하였던 물리학자들이 양자론이 현대문명에 끼칠 파급효과를 정확하게 예측하기는 어려웠을 것이다.

과학의 연구결과를 어떻게 사용하느냐 하는 선택은 정치인, 경제인, 그리고 보통 일반인의 몫이다. 물론 과학자들도 일반인으로서 양심에 따라 잘못된 선택에 반대할 수 있다. 만하탄 프로젝트를 총괄하였던 미국의 오펜하이머 교수와 구 소련의 핵무기 개발에 참여하였던 사하로프 박사를 포함하여 많은 과학자들이 핵무기의 인류파멸의 위험성을 안 후 반핵운동을 한 것은 잘 알려진 사실이다. 오염문제나 지구 온난화문제와 같은 현대문명의 어두운 면을 피하기 위해 현대문명이 제공하는 모든 혜택을 포기하고 질병과 굶주림이 있는 과거생활로 되돌아갈 수는 없을 것이다. 과학은 자연을 파괴하는데 일조를 하였지만 자연을 회복시키는 데 도움을 줄 수 있다. 산업 쓰레기를 재활용하고 오염을 제거하며, 지구 온난화를 해결하기 위하여 석탄이나 석유와 같은 화석연료를 대치할 깨끗한 에너지원을 찾는 것도 과학기술이 할 일이다. 그리고 앞으로 인간의 두뇌가 하였던 더 많은 부분을 신뢰성 있는 컴퓨터가 대치할 것이고, 유전자 조작의 개선으로 인류는 많은 유전병으로부터 구제될 것이다. 그러면 인류가 여러 가지 제기되는 문제들을 현명하게 해결하면서 계속 현대문명을 발전시키며 살아갈 수 있을 것인가, 아니면 잘못된 선택으로 인하여 파멸의 길로 가고 있는가 하는 것은 우리는 알지 못한다. 그러나 확실한 것은 동료 교수인 브릭몽(Bricmont)[4]이 말하였듯이 "모든 것을 말하고 실행한 후, 우리가 갖고 있는 것은 과학과 이성 뿐이다. 그것들 이외에는 희망이 없다."

한 늦은 여름밤 정원의 의자에 한 노인이 앉아서 하늘을 바라본다. 도시에서 떨어진 한적한 시골이라 별들이 잘 보인다. 남북으로 은하수가 길게 놓여 있고 그 서쪽과 동쪽에 견우와 직녀성이 보인다. 우주는 137억 년 전에 한 점인 특이점에서 대폭발이라고 불리는 순간적인 확장으로 생겨났다고 하고, 현재도 확장중이라고 한다. 우주가 계속해서 확장할 것인가 아니면 평형상태에 도달하거나 대수축이 이러나 끝날 것인가는 아직 알 수 없다. 우리 우주에는 1400억 개 정도의 은하계가 있고 우리 은하계에는 1000억에서 4000억 개 정도의 별들이 있다고 한다. 우리 은하계 가장자리에 태양계가 있고 약 46억 년 전에 지구가 생겼다. 그리고 약 38억 년 전에 미생물 형태로 생명체가 나타났고, 긴 진화과정의 끝자락에 인류가 나타났다고 한다. 왜 하필 특이점에서 우주가 태어나게 되었고, 어떻게 무생물에서 생명체가 생겨났는지를 우리는 아직 알지 못한다. 그리고 우리가 어디로부터 어떻게 왔는가를 아주 희미하게나마 알 수 있지만 어디로 가고 있는가는 알지 못한다.

부록

A.1 해밀토니안 계(Hamiltonian System)

뉴턴의 고전역학은 해밀토니안 계(Hamiltonian system)로 설명하는 것이 수학적으로 편리하다. d-차원 유크리드 공간 $\mathbb{R}^d$에서 n개의 질점으로 구성된 질점계(particle system)를 생각하자. 계의 미세상태(microscopic state)는 상공간(phase space) Ω에서 한 점으로 나타낸다. 계의 상공간은 보통은

$$\begin{aligned}\Omega &= \mathbb{R}^{nd} \times \mathbb{R}^{nd} = \mathbb{R}^{2nd} \\ &= \{x = (p, q) = (p_i, q_i)_{i=1}^{n} : p_i \in \mathbb{R}^d,\ q_i \in \mathbb{R}^d,\ i = 1, 2, \cdots, n\}\end{aligned}$$

으로 주어진다. 여기서 p_i와 q_i는 각각 i-번째 질점(입자)의 운동량(momentum)과 위치(position)를 나타낸다. 각 질점의 질량을 m이라고 하고 i-번째 질점의 속도를 v_i라고 하면 $p_i = mv_i$이다.

에너지 함수인 해밀토니안(Hamiltonian) $H: \Omega \to \mathbb{R}$은 일반적으로는

$$H(p,q)=\frac{1}{2m}\sum_{i=1}^{n}|p_i|^2+\sum_{1\le i,j\le n}V(|q_i-q_j|) \qquad \text{(A.1)}$$

로 주어진다. 여기서 $V:\mathbb{R}^d\to\mathbb{R}$ 은 포텐셜(potential)을 말한다.

"해밀턴의 운동방정식"은

$$\frac{dq_i}{dt}=\frac{\partial H}{\partial p_i},\quad \frac{dp_i}{dt}=-\frac{\partial H}{\partial q_i},\quad i=1,2,\cdots,n, \qquad \text{(A.2)}$$

으로 주어진다. 여기서 $\frac{\partial H}{\partial p_i}$ 등은 변수 p_i 에 대한 그래디언트(gradient)를 나타낸 것이다.

$F=-\frac{\partial V}{\partial q}$ 를 "힘(force)"이라고 하면 (A.1)과 (A.2)에서 방정식

$$\frac{dq_i}{dt}=v_i,\qquad \frac{dp_i}{dt}=\sum_{j=1:j\neq i}^{n}F(|q_i-q_j|),\qquad i=1,2,\cdots,n$$

을 얻고 $p_i=mv_i$ 이므로 위의 첫 번째 식을 두 번째 식에 대입하면 "뉴턴의 운동 방정식"을 얻는다.

해밀턴의 운동방정식 (A.2)는 1계 상미분 방정식 계이므로 특정한 시간(초기시간) $t=t_0$ 에서 초기조건(initial condition)

$$(p(t_0),q(t_0))=(p_0,q_0)$$

이 주어지면 해 $x(t)=(p(t),q(t))$가 유일하게 결정된다.

만약 질점들(입자들)이 유계 공간 $\Lambda(\subset \mathbb{R}^d)$에 제한되어 있다면, 계의 상공간은

$$\Omega = \mathbb{R}^{nd} \times \Lambda^n$$

이 된다. 일반적으로는 n개의 질점으로 구성된 질점계의 상공간 Ω는 공간 $\mathbb{R}^{nd} \times \mathbb{R}^{nd}$의 부분 영역으로 주어진다.

A.2 힐버트 공간(Hilbert Space)과 선형 작용소(Linear Operator)

힐버트 공간과 선형 작용소에 대한 개념과 결과들을 간단하게 정리한다. 좀 더 자세한 내용은 참고문헌 [33]을 참고하기 바란다.

A.2.1 힐버트 공간(Hilbert Space)

■**정의** 1: 복소 벡터공간 V에서 복소수 값을 갖는 함수$< \bullet , \bullet >$: $V \times V \rightarrow \mathbb{C}$가 존재해서 임의의 벡터 $\psi, \varphi, \eta \in V$와 복소수 $\alpha, \beta \in \mathbb{C}$에 대하여 아래 조건들

(i) $< \psi, \psi > \geq 0, \quad < \psi, \psi > = 0 \Leftrightarrow \psi = 0,$

(ii) $< \psi, \alpha\phi + \beta\eta \geqq \alpha < \psi, \phi > + \beta < \psi, \eta >$

(iii) $< \psi, \varphi > = \overline{< \varphi, \psi >}$

를 만족시키면 V를 "내적공간(inner product space)"이라고 부른다. 그리고 함수 $< \cdot , \cdot >$를 "내적(inner product)"이라고 부른다.

내적은 벡터의 길이(크기)를 준다. 벡터 $\psi \in V$의 길이를

$$\|\psi\| := \sqrt{<\psi, \psi>}$$

로 정의하자. $\|\psi\|$를 ψ의 노름(norm)이라고 부른다. 노름(길이)이 1인 벡터를 단위벡터(unit vector)라고 한다.

• **정리 1**: ψ와 η를 내적 공간 V의 임의의 두 벡터라고 하면 부등식

$$| <\psi, \eta> | \le \|\psi\| \|\eta\|$$

가 성립한다. 위의 부등식을 "슈바르츠 부등식(Schwarz inequality)"이라고 부른다.

위의 슈바르츠 부등식을 사용하면 임의의 벡터 $\psi, \eta \in V$에 대하여 삼각부등식

$$\| \psi + \eta \| \le \|\psi\| + \|\eta\|$$

가 성립하는 것을 쉽게 보일 수 있다. 따라서 내적공간은 노름공간(normed space)이다.

내적공간 V에서 수열 $\{\psi_n\}_{n=1}^{\infty}$이 "코시 수열(Cauchy sequence)"이라 함은 임의의 $\epsilon > 0$에 대하여 자연수 $N \in \mathbb{N}$이 존재해서 $n, m \ge N$이면 $\|\psi_m - \psi_n\| < \epsilon$이라는 것이다. 내적공간 V에서 임의의 코시 수열이 수렴하면 내적공간 V를 "완비(complete)" 또는 완성되었다고 한다.

■ **정의 2:** 완비된 내적공간을 힐버트 공간이라고 한다. 힐버트 공간이 셀 수 있는 조밀한 부분집합을 갖고 있으면 "분해가능(separable)"하다고 한다.

보통 힐버트 공간을 $\mathscr{H}$로 나타낸다. 힐버트 공간 $\mathscr{H}$의 두 벡터 ϕ와 ψ의 내적이 영, 즉 $\langle \phi, \psi \rangle = 0$이면 ϕ와 ψ는 서로 직교(orthogonal)한다고 한다. $\mathscr{H}$의 벡터들의 모임 $\{\psi_i : i \in I\}$에서 임의의 두 벡터들이 서로 수직이면 이 모임을 직교 모임이라고 부른다. 여기서 I는 지표 집합(index set)이다. 주어진 직교 모임의 각 벡터가 단위벡터이면 이 모임을 정규 직교 모임이라고 한다. 주어진 정규 직교 모임의 모든 벡터들과 직교하는 벡터가 0벡터 밖에 없으면 이 모임은 완비(complete) 또는 완성되었다고 한다. 힐버트 공간 $\mathscr{H}$의 완비된 정규 직교 모임 $\{\psi_i : i \in I\}$은 $\mathscr{H}$의 기저(basis)가 된다. 힐버트 공간 $\mathscr{H}$의 한 기저의 기수(cardinal number)를 $\mathscr{H}$의 차원(dimension)이라고 하고 $\dim(\mathscr{H})$이라고 나타낸다. 힐버트 공간의 차원은 어떤 기저를 선택하는가에 무관하다.

보기 1: (1) 유한차원 힐버트 공간:

$$\mathscr{H} = \mathbb{C}^n = \{(\alpha_1, \alpha_2, \cdots, \alpha_n) : \alpha_i \in \mathbb{C}\}$$

.

벡터 합은 성분끼리 더하고, 스칼라 곱은 각 성분에 곱한다. 내적은

$$< (\beta_1, \beta_2, \cdots, \beta_n), (\alpha_1, \alpha_2, \cdots, \alpha_n) > = \sum_{i=1}^{n} \overline{\beta_i} \alpha_i$$

로 정의한다.

(2) 무한차원 힐버트 공간: ℓ^{2}

$$l^2 = \{ (\alpha_1, \alpha_2, \cdots, \alpha_n, \cdots) : \alpha_i \in \mathbb{C},\ i \in \mathbb{N},\ \sum_{i=1}^{\infty} |\alpha_i|^2 < \infty \}$$

$$< (\beta_1, \beta_2, \cdots), (\alpha_1, \alpha_2, \cdots) > \ = \ \sum_{i=1}^{\infty} \overline{\beta_i}\, \alpha_i$$

(3) 무한차원 힐버트 공간: $L^2(\mathbb{R}, dx)$

$$L^2(\mathbb{R}, dx) = \{ f : \mathbb{R} \to \mathbb{C} : \int |f(x)|^2 dx < \infty \}$$

$$<g, f> = \int \overline{g(x)} f(x) dx$$

A.2.2 선형 작용소(Linear Operator)

■ 정의 3: $\mathcal{H}$를 힐버트 공간이라고 하자. 변환 $A : \mathcal{H} \to \mathcal{H}$가 임의의 $\psi, \eta \in \mathcal{H}$와 $\alpha,\ \beta \in \mathbb{C}$ 에 대하여 조건

$$A(\alpha\psi + \beta\eta) = \alpha A\psi + \beta A\eta$$

를 만족시키면 A를 힐버트 공간 $\mathcal{H}$에 작용하는 선형 작용소(linear operator)라고 한다. 만약 유한 실수 $m \geq 0$이 존재해서 부등식

$$\|A\psi\| \leq m\|\psi\|, \quad \psi \in \mathcal{H}$$

을 만족시키면 A를 "유계 작용소(bounded operator)"라고 한다.

A를 힐버트 공간 $\mathcal{H}$에 작용하는 유계 작용소라고 하면 A의 노름을

$$\|A\| := \sup_{\psi \neq 0} \frac{\|A\psi\|}{\|\psi\|} = \sup_{\psi : \|\psi\| = 1} \|A\psi\|$$

로 정의한다.

힐버트 공간 $\mathcal{H}$에 작용하는 유계 작용소 $A : \mathcal{H} \to \mathcal{H}$에 대하여 A의 수반 작용소 (adjoint operator) $A^* : \mathcal{H} \to \mathcal{H}$는

$$< A^*\psi, \eta > = < \psi, A\eta >, \ \psi, \eta \in \mathcal{H}$$

로 정의한다. $A = A^*$이면 A를 "자기수반 작용소(self-adjoint operator)"라고 부른다. $P : \mathcal{H} \to \mathcal{H}$가 유계 작용소이고 $P^2 = P$이면 P를 "사영 작용소 (projection)"이라 부른다. 만약 P가 사영 작용소이고 $P = P^*$이면 P를 "직교 사영(orthogonal projection)"이라 부른다.

참고: 힐버트 공간 $\mathcal{H}$가 유한 차원이면 $n \in \mathbb{N}$이 존재해서 $\mathcal{H} \simeq \mathbb{C}^n$이고 $\mathcal{H}$에 작용하는 모든 선형 작용소는 유계 작용소이다.

다음은 비 유계 작용소에 대하여 간단히 설명하자.

■ **정의 4**: $\mathcal{H}$를 힐버트 공간이라고 하고 $D \subset \mathcal{H}$를 $\mathcal{H}$의 조밀한 부분 집합이라고 하자. 변환 $T : D \to \mathcal{H}$가 임의의 $\psi, \eta \in D$와 $\alpha, \beta \in \mathbb{C}$에 대하여 조건

$$T(\alpha\psi + \beta\eta) = \alpha T\psi + \beta T\eta$$

을 만족시키면 T를 $\mathcal{H}$에 작용하는 선형 작용소라고 한다. 그리고 D를 T의 정의역이라고 부르고 $D(T)$로 표현한다.

T를 힐버트 공간 $\mathcal{H}$에서 조밀하게 정의된 작용소라고 하자. 모든 $\psi \in D(T)$ 에 대하여 조건

$$< \varphi, T\psi > = < \eta, \psi >, \quad \psi \in D(T)$$

를 만족하게 하는 $\eta \in \mathcal{H}$가 존재할 φ들의 모임을 $D(T^*)$라고 하자. 각 $\varphi \in D(T^*)$에 대하여 $T^*\varphi = \eta$라고 정의된 T^*를 T의 수반 작용소라고 부른다. 두 비유계 작용소 A와 B가 $A = B$라고 하는 것은 $D(A) = D(B)$이고 모든 $\psi \in D(A) = D(B)$에 대하여 $A\psi = B\psi$라는 뜻이다. $T = T^*$이면 T를 자기수반 작용소라고 한다.

보기 2: 힐버트 공간 $L^2(\mathbb{R}, dx)$에 작용하는 비유계 작용소 P와 Q를

$$\begin{aligned}
&D(P) = \{f \in L^2 : f \text{는 미분가능하고, } f' \in L^2(\mathbb{R}, dx)\} \\
&(Pf)(x) = i\hbar f'(x), \\
&D(Q) = \{f \in L^2 : \int |xf(x)|^2 dx < \infty \} \\
&(Qf)(x) = xf(x),
\end{aligned}$$

로 정의하자. 여기서 $\hbar$는 프랑크 상수이다. P와 Q는 각각 운동량 작용소와 위치 작용소이며 자기수반 작용소이다.

A.2.3 힐버트 공간들의 텐서 곱(tensor product)

$\mathcal{H}_1$과 $\mathcal{H}_2$를 두 개의 힐버트 공간이라고 하자. 각 $\phi_1 \in \mathcal{H}_1$, $\phi_2 \in \mathcal{H}_2$에 대하여 $\phi_1 \otimes \phi_2$을 $\mathcal{H}_1 \times \mathcal{H}_2$ 위에 아래와 같이 정의되는

$$(\phi_1 \otimes \phi_2)(\psi_1, \psi_2) = < \psi_1, \phi_1 >< \psi_2, \phi_2 >$$

공액 겹선형 형식(conjugate bilinear form)이라고 하자. 이와 같은 겹선형 형식들의 유한 선형결합들의 모임을 $\mathcal{E}$라고 하고 $\mathcal{E}$위에 내적 $< \, , >$을

$$\langle \phi_1 \otimes \phi_2, \eta_1 \otimes \eta_2 \rangle = < \phi_1, \eta_1 >< \phi_2, \eta_2 >$$

이라고 정의하고 선형성을 사용하여 $\mathcal{E}$로 확장시킨다. 이렇게 정의된 $\langle , \rangle$는 잘 정의되고 양의 정부호(positive definite)이다[32]. 두 힐버트 공간 $\mathcal{H}_1$, $\mathcal{H}_2$의 텐서곱 $\mathcal{H}_1 \otimes \mathcal{H}_2$은 $\mathcal{E}$의 완비화(completion)이다. 만약 $\{\phi_k\}$와 $\{\psi_l\}$이 각 각 $\mathcal{H}_1$과 $\mathcal{H}_2$의 정규 직교기저이면 $\{\phi_k \otimes \psi_l\}$은 $\mathcal{H}_1 \otimes \mathcal{H}_2$의 정규 직교기저가 된다.

A.2.4 유계 작용소의 대각 합(trace)

$\mathcal{H}$를 분해가능 한 힐버트 공간, A를 $\mathcal{H}$에 작용하는 유계 작용소라고 하자. 모임 $\{\psi_i\}$를 $\mathcal{H}$의 정규 직교기저라고 하면 A의 대각 합은

$$Tr(A) = \sum_{i=1}^{N} < \psi_i, A\psi_i >$$

로 정의된다. 여기서 N은 $\mathcal{H}$의 차원이다. 만약 $Tr(|A|) < \infty$ 이면 $Tr(A)$는 $\mathcal{H}$의 정규 직교기저 선택에 무관하다[33].

A.3 하이젠베르크의 불확정성 관계(Uncertainty Relation)

하이젠베르크의 불확정성 관계는 내적공간의 슈바르츠 부등식(A.2의 정리 1)을 사용하면 간단하게 유도된다. A와 B를 두 개의 자기수반 작용소, 그리고 ψ를 양자계의 상태벡터라고 하자. A와 B의 교환자(commutator)와 반 교환자(anticommutator)는 각각

$$[A, B] := AB - BA, \quad \{A, B\} := AB + BA$$

로 정의한다. 그러면

$$< \psi, AB\psi > = \frac{1}{2} < \psi, \{A, B\}\psi > + \frac{1}{2} < \psi, [A, B]\psi >$$

이며, A와 B가 자기수반이므로, $\{A, B\}^* = \{A, B\}$, $[A, B]^* = -[A, B]$ 이다. 따라서, 위식의 오른쪽 첫 번째 항은 실수이고 두 번째 항은 순수한 허수이므로

$$|< \psi, AB\psi >|^2 = \frac{1}{4}|< \psi, \{A, B\}\psi >|^2 + z| < \psi, [A, B]\psi >|^2 \qquad \text{(A.3.1)}$$

이다. $A\psi$와 $B\psi$의 내적에 대하여 슈바르츠 부등식을 사용하면

$$\begin{aligned} |<\psi, AB\psi>| &= |<A\psi, B\psi>| \\ &\le \|A\psi\| \, \|B\psi\| \end{aligned} \tag{A.3.2}$$

를 얻는다. $\|A\psi\|^2 = <\psi, A^2\psi>$이고 $\|B\psi\|^2 = <\psi, B^2\psi>$이므로 (A.3.1)과 (A.3.2)에서 부등식

$$\begin{aligned} &<\psi, A^2\psi> \ <\psi, B^2\psi> \\ &\ge \frac{1}{4}|<\psi, [A,B]\psi>|^2 + \frac{1}{4}|<\psi, \{A,B\}\psi>|^2 \end{aligned} \tag{A.3.3}$$

을 얻는다. 위 식에서 오른쪽 첫 번째 항을 하이젠베르크 항, 두 번째 항을 슈레딩거 항이라고 부르며, 각각 A와 B의 비양립성(incompatibility)과 상관관계(correlation)를 나타내는 항들이다. 부등식 (A.3.3)을 하이젠베르크–슈뢰딩거의 불확정성 관계라고 부른다.

부등식 (A.3.3)에서 슈레딩거 항을 무시하고 A와 B 대신에 각각 $A - < A >_\psi$와 $B - < B >_\psi$를 대입하면 하이젠베르크의 불확정 관계 (12.2)를 얻는다.

A.4 스핀계(Spin System)

양자역학에서 전자의 스핀(spin)과 같이 스핀값을 $\frac{\hbar}{2}$로 갖는 스핀계는 2차원 내적공간인 $\mathbb{C}^2$ 안에서 설명된다. $\mathbb{C}^2$의 벡터는 두 성분을 갖는 열벡터(column vector)로 나타낸다. $|1\rangle$과 $|-1\rangle$를 각각

$$|1\rangle = \begin{bmatrix} 1 \\ 0 \end{bmatrix}, \quad |-1\rangle = \begin{bmatrix} 0 \\ 1 \end{bmatrix}$$

이라고 하면 $\{|1\rangle, |-1\rangle\}$은 $\mathbb{C}^2$의 기저가 된다. 파울리(Pauli)의 스핀 행렬은

$$\sigma_0 = \mathbb{I} = \begin{bmatrix} 1 & 0 \\ 0 & 1 \end{bmatrix} \qquad \sigma_1 = \sigma_x = X = \begin{bmatrix} 0 & 1 \\ 1 & 0 \end{bmatrix}$$

$$\sigma_2 = \sigma_y = Y = \begin{bmatrix} 0 & -i \\ i & 0 \end{bmatrix} \qquad \sigma_3 = \sigma_z = Z = \begin{bmatrix} 1 & 0 \\ 0 & -1 \end{bmatrix}$$

로 주어진다. σ_x, σ_y와 σ_z는 각각 x, y와 z 방향의 스핀 작용소이고 특히

$$\sigma_z|1\rangle = |1\rangle, \qquad \sigma_z|-1\rangle = -|-1\rangle$$

이므로 $|1\rangle$과 $|-1\rangle$는 $z-$ 축으로 스핀값이 각각 $+1$과 -1인 상태 벡터들이다.

두 개의 스핀계들로 이루어진 합성계의 상태공간은 $\mathbb{C}^2 \otimes \mathbb{C}^2 \ (\simeq \mathbb{C}^4)$로서 모임

$$\{|1\rangle \otimes |1\rangle, \ |1\rangle \otimes |-1\rangle, \ |-1\rangle \otimes |1\rangle, \ |-1\rangle \otimes |-1\rangle\}$$

은 기저를 이룬다.

A.5 동역학계(Dynamical System)

3중 $(M, \mathbb{M}, \mu)$를 한 "측도공간"이라고 하자. 여기서 M은 한 집합,

$\mathbb{M}$은 M의 부분집합들로 이루어진 σ-대수, $\mu : \mathbb{M} \to [0, \infty]$는 σ-유한 측도이다. 만약 $\mu(M) = 1$이면 측도공간을 "확률공간"이라고 부른다. "자기동형사상(automorphism)" $T: M \to M$은 1-1이고 위로의 사상으로서 모든 $A \in \mathbb{M}$에 대하여 $T(A) \in \mathbb{M}$이고 $T^{-1}(A) \in \mathbb{M}$이며 관계

$$\mu(A) = \mu(T(A)) = \mu(T^{-1}(A))$$

를 만족시킨다. 측도 μ는 자기동형사상 T에 대하여 불변이라고 한다.

$\{T_t\}_{t \in \mathbb{R}}$를 측도공간 $(M, \mathbb{M}, \mu)$ 위에서 자기동형사상들의 한 매개변수군(one parameter group)이라고 하자. 즉 모든 $t, s \in \mathbb{R}$와 $x \in M$에 대하여 $T_0(x) = x$, $T_{t+s}(x) = T_t(T_s(x))$이 성립한다. 만약 M에 정의되는 임의의 측도 가능한 함수 $f(x)$에 대하여 $f(T_t(x))$가 $M \times \mathbb{R}$에서 측도 가능하면 $\{T_t\}_{t \in \mathbb{R}}$를 "흐름(flow)"이라고 한다.

■ **정의** 1: 3중 (M, μ, T_t)를 동역학계라 부른다. 여기서 $(M, \mathbb{M}, \mu)$는 측도공간이고 $\{T_t\}_{t \in \mathbb{R}}$는 흐름이다.

보기 1: 부록 A.1에서 살펴본 해밀토니안계에서 임의의 초기조건 $x = (p, q) \in \Omega$에 대하여 $x(t)$를 해라고 하고 $T_t(x) := x(t)$라고 하자. 임의의 매끄러운 양 함수 $g : \mathbb{R} \to [0, \infty)$에 대하여, 측도

$$d\mu(p, q) = g(H(p, q))dpdq$$

는 $\{T_t\}_{t \in \mathbb{R}}$에 대하여 불변이다. 따라서 (Ω, μ, T_t)는 하나의 동역학계이다.

■**정의** 2: 동역학계 (M, μ, T_t)가 "엘고딕(ergodic)"하다는 것은 모든 적분 가능한 실가함수 $f : M \to \mathbb{R}$와 거의 모든 초기조건 $x \in M$에 대하여 관계식

$$\lim_{T \to \infty} \frac{1}{T} \int_0^T f(T_t(x) dt = \int_M f(x) d\mu(x)$$

가 성립한다는 것이다.

위에서 f를 특성함수 $f = \chi_A$, $A \in \mathbb{M}$,로 택하면 위의 식은

단위시간동안 $T_t(x)$가 A 안에 머무는 시간 $= \mu(A)$

를 나타낸다.

다음은 뽀앙까레의 회귀정리를 설명하자. $(M, \mathbb{M}, \mu)$를 확률공간이라 하고 $T: M \to M$를 측도 μ를 불변으로 하는 자기동형사상이라고 하자. 임의의 자연수 $n \in \mathbb{N}$에 대하여 $T^n = T \circ T^{n-1}, \cdots, T^1 = T$라고 하자.

• **정리** 1: (뽀앙까레의 회귀정리) $\mu(A) > 0$인 임의의 $A \in \mathbb{M}$에 대하여, 거의 모든 $x \in A$에 대하여 자연수 $n_1 \in \mathbb{N}$이 존재해서 $T^{n_1}(x) \in A$ 이다.

위의 정리는 아무리 작은 $A \in \mathbb{M}$라 하더라도 A의 한점 $x \in A$에서 출발한 입자는 언젠가는 다시 A로 돌아온다는 것이다. 부피 V인 상자 안에 n개의 질점으로 이루어진 해밀토니안계를 생각하자. 총 에너지 E가 주어졌을 때 Ω_E를 에너지 곡면으로 하고 μ를 Ω_E의 표면적분에서 정규화된 확률측도라고 하자. $T = T_1$이라 하면 (Ω_E, μ, T_1)에 대하여 회귀정리가 성립한다.

A.6 튜링 기계(Turing Machine)

필자에 따라서 튜링기계(Turing machine)를 약간씩 다르게 설명하고 있으나 근본적인 원리는 같다[7, 25, 28, 40]. 우리는 편리에 따라 참고문헌 [25]를 따라가기로 한다.

한 튜링기계는 아래의 4가지 구성요소를 갖고 있다.

(a) 프로그램: 시행 및 변경 명령서

(b) 유한 상태 관리: 장치의 유한개의 상태들. 장치의 행동을 결정

(c) 테이프: 컴퓨터 메모리 역할

(d) 읽고 쓰는 머리(head): 읽고 쓸 수 있는 머리로서 현재의 위치를 가리킴

튜링기계의 4개 기본 구성요소를 아래 그림으로 나타낼 수 있다.

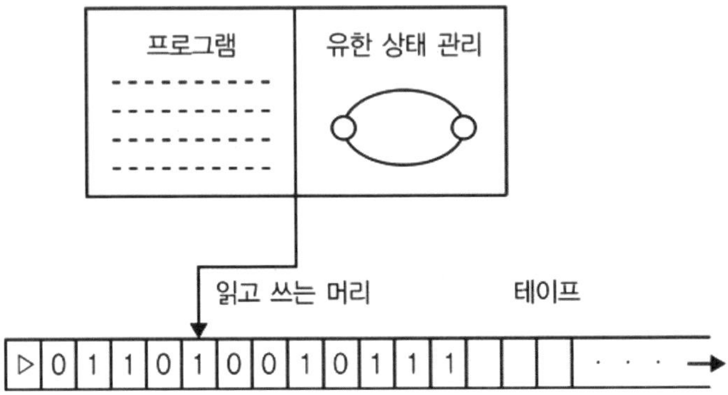

[그림 A.1] 튜링기계의 기본요소들

튜링기계의 4개 기본요소들을 좀 더 자세히 설명하기로 하자. "유한 상태 관리"는 유한개의 내부 상태, $q_1, q_2, \cdots, q_m$, 으로 구성되어 있다. 수 m은 기계에 따라 변할 수 있으나 m이 충분히 크면 기계의 능력에 영향이 없으므로 m은 고정된 수라고 생각할 수 있다. 유한 상태 관리는 튜링기계의 작동을 좌표화시키는 것이다. $q_1, q_2, \cdots, q_m$ 상태들 이외에 시작상태 q_s와 정지상태 q_h라고 하는 두 개의 내부 상태가 더 있다. 아이디어는 계산이 시작할 때 튜링기계는 q_s 상태에 있고, 계산이 끝나면 정지 상태 q_h에 있게 된다.

"테이프"는 일차원적인 것이고 한쪽방향(우측방향)으로 무한히 뻗쳐 있다. 테이프는 테이프 사각형의 무한 수열로 이루어졌다. 각 테이프 사각형은 알파벳 Γ에서 한 글자를 포함하고 있다. 예로서 알파벳 $\Gamma = \{0, 1, b, \triangleright\}$라는 네 글자로 이루어졌고, 여기서 b는 빈 공간을 말하고 $\triangleright$는 테이프의 맨 왼쪽 끝, 즉 시작 사각형을 표시하기 위한 것이다. "읽고 쓰는 머리"는 현재 튜링기계가 작업하고 있는 사각형을 가리킨다.

"프로그램"은 유한개의 프로그램 줄의 목록(나열)으로 되어 있다. 한 프로그램 줄은 $q, x \Rightarrow q', x', s$ 라는 형태로 되어 있다. 프로그램 줄에서 첫째 항 q는 기계의 내부 상태들 중에서 기계의 현재 상태를 가리키고, 두 번째 항 x는 현재 테이프의 글자를 말한다. 표시 $\Rightarrow$는 시행을 말한다. 즉 기계의 내부 상태를 q에서 q'으로 바꾸고, 테이프 사각형의 글자 x를 x'으로 바꾼 후 s가 $+1, -1, 0$에 따라서 $s=+1$이면 읽고 쓰는 막대를 오른쪽으로 한 칸 이동, $s=-1$이면 왼쪽으로 한 칸 이동하라는 것이다. 그리고 $s=0$은 계산이 끝난 후 정지하라는 명령이다. 프로그램의 형태는 $q_s, \triangleright \Rightarrow q_1, \triangleright, +1$과 같은 프로그램 줄에서 시작해서 $q_3, b \Rightarrow q_h, 1, 0$와 같은 프로그램 줄로 끝이 난다. 구체적인 프로그램의 예는 참고문헌 [26, 29]를 보기 바란다.

참고문헌

[1] Barron, E. N., Game Theory; An Introduction, Wiley (2007).

[2] Bell, J. S., Speakable and unspeakable in quantum mechanics, Cambridge University press (1987).

[3] Boyer, C., A History of Mathematics, Second Edition, John Wiley and Sons (1991).

[4] Bricmont, J., Science of Chaos or Chaos of Science, mp - arc. 96-116.

[5] Bryson, B., A Short History of Nearly Everything; Broadway Books (2004).

[6] Chaitin,G.J., The Limits of Mathematics, Springer-Verlag (1998).

[7] Cover,T.M., and Thomas,J.A., Elements of Information Theory, 2nd edition, John Wiley and Sons (2006).

[8] Davis, M., What is a computation? In Mathematics Today; Twelve Informal Essays. Edited by L. A. Steen, Springer-Verlag, (1978).

[9] Einstein, A., Kosmologische Betrachtungen zur allgemelnen Relativitatstheorie, S. B. Preuss. Wiss. 142-152(1917).

[10] Einstein, A., Podolsky, B., and Rosen, N., Can quantum mechanical description of physical reality be considered complete Phys. Rev. 47. 777-780 (1935).

[11] Feynman, R., QED; the strange theory of light and matter, Princĕton University Press (1985).

[12] Feynman, R., Leighton, R., and Sands, M., The Feynman Lectures on Physics, Addision-Wesley Publishing Co. (1963).

[13] Gibbs, J. W., Elementary Principles in Statistical Mechanics, Yale Univ. Press (1902).

[14] Gindikin, S. G., Tales of Physicists and Mathematicians,

Birkhäuser (1981).
[15] Glimm, J. and Jaffe, A., Quantum Physics; A functional integral point of view, Springer-Verlag (1981).
[16] Gödel, K., On formally undecidable propositions. Basic Books (1962). (A translation of Gödel' s 1931 paper.)
[17] Goldstein, R., Incompleteness; the proof and paradox of Kirt Gödel. W. W. Norton and Company (2005).
[18] Halmos, P. R., Mathematics as a creative art, American Scientist 56, 375-389 (1968).
[19] Hawking, S., A brief history of time, Bantam Books (1988).
[20] Hawking, S., GOD created the integers (Edited with commentary, by S. Hawking), New Edition. Running Press (2007).
[21] Heisenberg,W., Über den anschaulichen Inhalt der quantentheoretischen Kinematik und Mechanik, Z. Phys. 42, 172-198 (1927).
[22] Hofstadter, D., Gödel, Escher, Bach; An eternal golden braid, Penguin Books (1979).
[23] Kuhn, T., The structure of scientific revolutions, Third Edition, The University of Chigaco Press (1962).
[24] Lindley, D., Uncertainty, Anchor Books (2007).
[25] Manin, Yu. I., Mathematics and Physics. Birkhäuser (1961).
[26] Nielsen, M. and Chuang, I. L., Quantum computation and quantum information, Cambridge University Press (2000).
[27] 박세희, 수학의 세계, 서울대학교 출판부 (1985).
[28] Penrose, R., The geometry of universe, in Mathematics Today; Twelve Informal Esseys. Edited by L. A. Steen. Springer-Verlag (1979).
[29] Penrose, R., The emperor's new mind, Oxford University Press (1989).
[30] Penrose, R., The Road to Reality, Vintage Books, Random House, Inc.(2005).
[31] Peres, A., Quantum theory; Concepts and methods, Kluwer Academic Publishers (1995).
[32] Preskill, J., Quantum Information and Quantum Computation,

Lecture Notes for Physics, Springer-Verlag (1998).
[33] Reed, M. and Simon, B., Methods of modern Mathematical Physics, vol. I; Functional analysis, Academic Press (1972).
[34] Ruelle, D., Chance and Chaos. Princeton University Press (1991).
[35] Ruelle, D., Statistical Mechanics: Rigorous Results, Benjamin, Inc. (1969)
[36] Shannon,C.E.. A Mathematical Theory of Communication, Bell System Tech. 27, 379-423, 623-656 (1948)
[37] Sinai, Ya G., Theory of Phase Transition: Rigorous Results, Pergamon Press (1982).
[38] Shiryayev, A. N., Probability, Springer-Verlag (1997).
[39] Streater, R. and Wightman, A., PCT, spin and statistics, and all that, Benjamin (1964).
[40] Thomson, C. J., Mathematical Statistical Mechanics, Princeton Univ. Press (1972).
[41] Turing, A. M., On computable numbers, with an application to the Entscheidungsproblem, Proc. Lond. Math. Soc. (Ser.2), 42, 230-265 (1937).
[42] von Neumann, J., Mathematishe Grundlagen der Quantenmechanik, Springer (1932). Mathematical foundation of quantum mechanics, Princeton University Press (1955).
[43] von Neumann, J., The works of mind, University of Chicago Press (1947).
[44] von Neumann, J. and Morgenttern, o., Theory of Games and Economic Behavior, Princeton Univ. Press (1945).
[45] Wigner, E.P., The unreasonable effectiveness of Mathematics, Pure Appl. Math., 13, 1-14 (1960).
[46] Yockey, H., Information theory, evolution, and the origin of life, Cambridge University Press (2005).